世纪水利

——南水北调

赵洪亮 著

五洲传播出版社

图书在版编目（CIP）数据

世纪水利：南水北调 / 赵洪亮著. -- 北京：五洲传播出版社，2024.8

ISBN 978-7-5085-5146-3

Ⅰ. ①世… Ⅱ. ①赵… Ⅲ. ①南水北调 – 水利工程 – 概况 – 中国 Ⅳ. ① TV68

中国国家版本馆 CIP 数据核字 (2024) 第 009800 号

世纪水利——南水北调

著　　者 / 赵洪亮
图片提供 / 赵洪亮
责任编辑 / 王　峰
出版发行 / 五洲传播出版社
地　　址 / 北京市海淀区北三环中路 31 号生产力大楼 B 座 6 层
邮　　编 / 100088
发行电话 / 010-82005927　010-82007837
网　　址 / http://www.cicc.org.cn　http://www.thatsbooks.com
印　　刷 / 北京市房山腾龙印刷厂
版　　次 / 2024 年 8 月第 1 版第 1 次印刷
开　　本 / 710 mm × 1000 mm　1/16
印　　张 / 9.75
字　　数 / 60 千字
定　　价 / 78.00 元

目　录

前　言

中国南北水资源分布不均衡，中国南方每年有富余的水流入大海，北方地区长期干旱缺水，尤其是华北平原，缺水已严重影响到工农业生产。与此同时，人们的节水意识依然较差，水资源利用率低，水污染也很严重。

南水北调工程就是把中国长江流域丰盈的水资源抽调一部分送到中国华北和西北地区，从而改变中国南涝北旱和北方地区水资源严重短缺局面的重大战略性工程，目的是促进中国南北经济、社会与人口、资源、环境的协调发展。

从1952年10月30日毛泽东提出“南方水多，北方水少，如有可能，借点水来也是可以的”以后，中国水利部门就对此召开了多次会议探讨，并组织专家进行全方面的论证。经过几十年研究，南水北调的总体布局确定为：分别从长江上、中、下游调水，即东线工程、中线工程和西线工程。

南水北调工程有东线、中线和西线三条调水线路，总投资额5000亿元人民币，工程已全面展开。

南水北调工程是中华民族治水史上的伟大创举，经过几代中华儿女的不懈努力，南水北调东线工程于2002年开工建设，东线一期工程于2013年12月8日通水，中线一期工程将于2014年通水。

2013年，南水北调进入工程建设的收尾期。在中国政府和广大工程建设者的共同努力下，经过10年建设，南水北调工程在供水、抗旱、航运、除涝等几大方面逐渐显现出社会效益、经济效益和生态效益。

南水北调工程是缓解中国北方水资源短缺、生态环境恶化状况及促进水资源整体优化配置的重大战略性基础设施，也是中国实现全面建设小康社会目标、构建社会主义和谐社会的战略性基础设施，对于中国经济社会发展大局，对于落实节约资源、保护环境的基本国策都具有极为重要的意义。

南水北调工程全部建成以后，每年的调水量相当于一条黄河的水量，可以有效缓解中国北方地区水资源紧缺状况，对于保障中国粮食安全，恢复和改善生态环境，促进西部大开发具有重大意义。

今天，随着南水北调东中线与通水直接相关的主体工程设计单元工程均已完工，移民安置工作全面完成，生态治污发挥效益，东线已建项目开始发挥效益等一系列的创新，南水北调工程这幅壮美蓝图正逐步变为现实。

南水北调，这条生命之河，它用自己的血液浸润北方广袤的土地。南北大地，一脉相连。一个穿越半个世纪的梦想，在如今成为现实。

“水是生命之源、生产之要、生态之基”的重要论断，南水北调正在付诸实施！为实现中华民族伟大复兴的梦想，南水北调正在做出自己的贡献！

1

中国水情：

水少的北方和多水的南方

水是生命之源、生产之要、生态之基。人类从逐水草而居到今天的安居乐业，时时刻刻离不开水。

善治国者，必重治水。治水的成败在很大程度上决定了一个国家和民族的兴衰。

在水资源形势日益严峻的今天，中国政府高瞻远瞩，适时做出了兴建南水北调工程的重大决策。

这是新中国成立以来组织实施的特大型跨流域调水工程，是事关全局、保障民生的民心工程，也是造福当代、惠及子孙的战略性基础设施。

中国水资源的三个特点状况

中国的“水”存在两大主要问题：一是水资源短缺，二是水污染严重。有资料显示，中国是一个干旱、缺水严重的国家。人均淡水资源仅为世界平均水平的 1/4，在世界上名列 110 位，是全球人均水资源最贫乏的国家之一。人均可利用水资源量仅为 900m³，并且分布极不均衡。

中国水资源总量和人均占有量

中国多年平均水资源总量为28124亿m³，占世界总量的5.8%左右，居世界第6位。但中国是世界第一人口大国，人均水资源占有量仅2163m³，在世界银行1998年统计的153个国家中只排第88位。因此，水资源在中国是十分珍贵的自然资源。在研究开发利用中国水资源时，要看到其总量虽较丰富，但人均水资源相当贫乏的这一基本特点。

中国水资源分布的另一个基本特点是南方水多、北方水少，空间分布很不平衡。河川径流主要来自降水，而影响中国大部分地区降水的是来自西太平洋的东南季风和印度洋、孟加拉湾的西南季风。全国各地年降水量差别很大。东南沿海山地丘陵区和台湾、海南东部山区年降水量超过2000毫米，西南部分地区约1600—1800毫米，长江中下游地区大部分超过1000毫米，淮河流域为800—1000毫米，华北平原为500—600毫米，大西北沙漠区降水量则不足25毫米。

中国水资源分布的基本特点

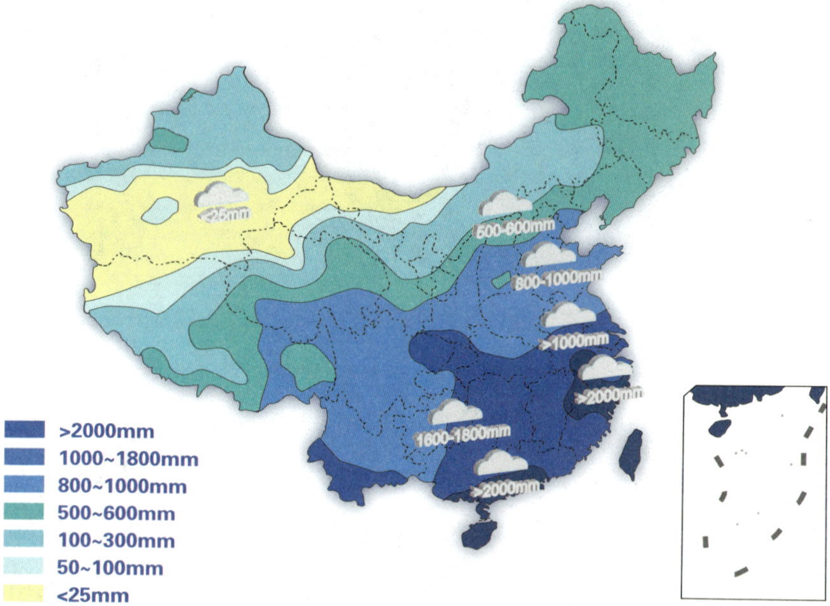

中国水资源分布的第三个基本特点是年内或年际变化大。随着季风出现的次数、强弱和水汽量多少，降雨和径流量年际间、年内的分布也极不均匀，经常出现连续多水时段和连续少水时段或连续干旱年和连续丰水年；尤其是连续干旱年的出现，对水资源本已短

缺地区来说，严重制约了国民经济的发展并引起生态环境恶化。

以上三个基本特点，也是开发利用水资源、保障国民经济持续健康发展必须解决的三个主要问题。南水北调就是借助于先进的工程技术手段，优化配置中国水资源的一项宏伟工程。

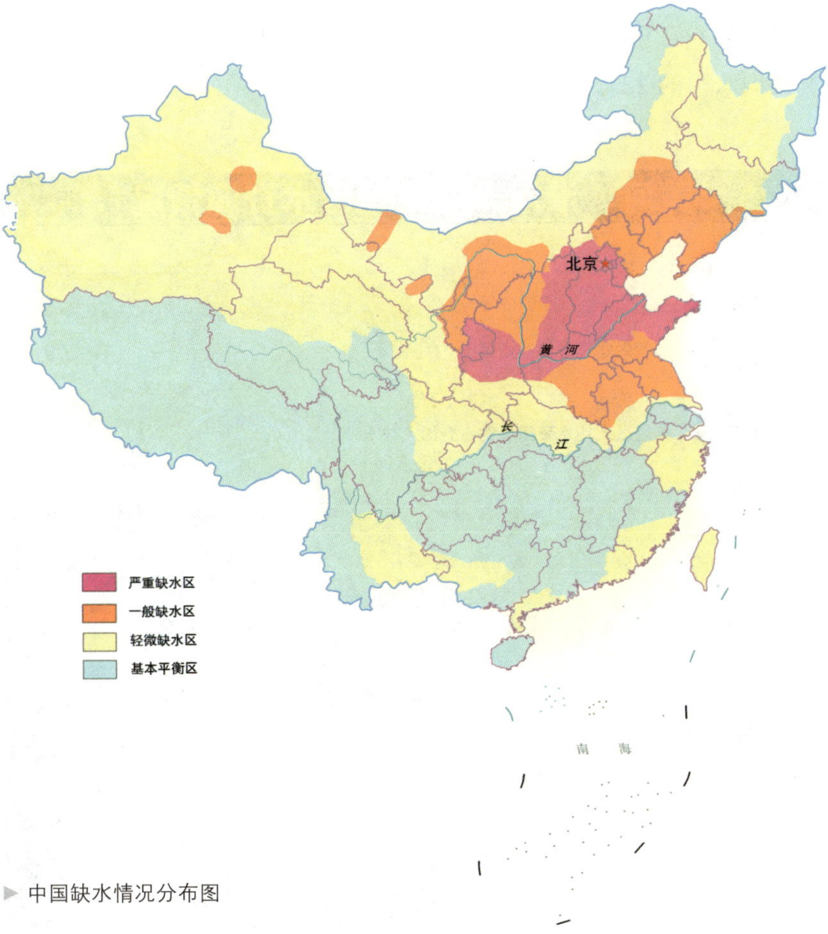

中国缺水情况分布图

水资源成为遏制北方经济社会发展的瓶颈

北方黄淮海地区是中国水资源承载能力与经济社会发展矛盾最为突出的地区。该地区总人口、国内生产总值均约占全国的35%，人口密度大，大中城市多，在中国经济格局中占有重要地位。但水资源量仅占全国总量的7.2%，人均水资源量仅为450㎥，只占全国人均水平的22%。

黄河、淮河、海河地区水资源情况

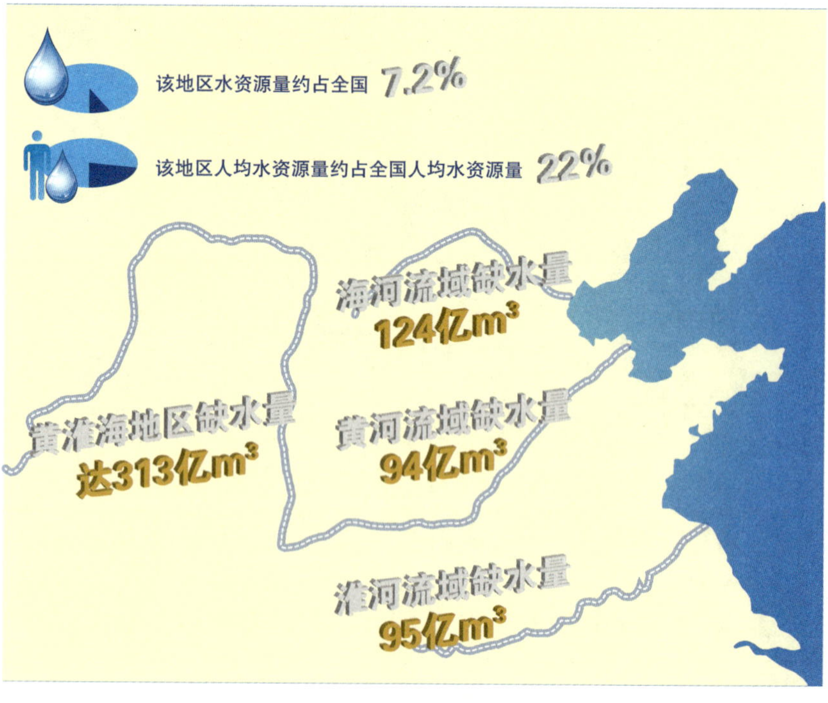

其中，海河流域人均水资源量仅为272㎡，不到全国人均水平的1/8，是中国水资源最为短缺的地区。自20世纪80年代以来，黄河、淮河、海河平原发生持续干旱，黄河、淮河、海河流域水资源量持续减少。目前，黄河、淮河、海河地区缺水量达313亿㎡，其中黄河、淮河、海河流域分别缺水94亿㎡、95亿㎡和124亿㎡。随着经济社会的发展，需水量不断增加，水资源不足已成为制约该地区经济社会发展和生态环境恶化的关键因素。

为了缓解黄淮海流域日益严重的水资源短缺状况，改善生态环境，保持经济发展和社会进步，在继续加大节水力度和提高用水效率的同时，实施跨流域调水工程十分必要。

长江流域的水资源优势

长江是中国第一长河，世界第三长河，长6300千米。长江与黄河一起，被誉为中华民族的摇篮和“母亲河”。其流域总面积180余万平方公里，约占全国土地总面积的1/5。年平均入海水量约9600余亿㎡，特枯年也有7600亿㎡。长江有多条支流，且中国大部分淡水湖分布在其中下游地区。

据1956—1980年资料分析测算，长江入海水量占天然径流量的94%以上，即实际消耗水量不到6%。尽管流域内工业及生活用水量较大且增长较快，但大多可以回归。从全国社会经济发展需要考虑，长江流域能够调出部分水资源，支撑北方干旱缺水地区社会经济可持续发展。

此外，从地势上看，长江自西向东正好流经大半个中国，上游靠近西北干旱地区，中下游与最缺水的华北平原相邻，地理条件也非常有利于兴建从其干支流引水到北方的跨流域调水工程。

作为南水北调中线一期工程水源的汉江是长江最大支流，流域年均径流量566亿m^3，水资源总量582亿m^3，与黄河水资源量相近。而耗水量仅占天然径流量的7%，说明流域水资源量较丰富，有余水可供北调。

南水北调工程是中国水情的必然选择

为供水安全提供基础性保障。南水北调工程建成后，通过东、中、西三条线路引水北上，与长江、淮河、黄河和海河四大江河联系，将构成“四横三纵”的水网格局，从而实现水资源南北调配、东西互济的目标。在节水、挖潜的基础上，南水北调工程规划总调水规模达448亿m^3，相当于给北方地区新开辟了一条黄河，供水面积达145万平方公里，约占中国陆地面积的15%，直接惠及人口达5亿以上，润泽15个省（自治区、直辖市），特别是为44座大中城市解决缺水之忧和择水之苦。

仅东、中线一期工程直接供水的县级以上城市就有 253 个，可望彻底改变华北地区 700 多万人长期饮用高氟水、苦咸水和其他含有害物质的地下水的状况，改善黄淮海平原地区不断恶化的生态环境，促进受水区经济社会发展。

同时，为黄河下游地区补充水量，为提高西北地区水资源承载能力创造了条件。丹江口水库大坝加高后，可增加防洪库容 33 亿 ㎥，与非工程措施和中下游防洪工程相配合，可使汉江中下游地区的防洪标准由目前的 20 年一遇提高到 100 年一遇，消除 70 余万人的洪水威胁。

为地区协调发展提供坚强支持。华北地区是中国比较发达的地区，区内蕴藏丰富的煤炭、石油、天然气等能源资源，还有铁矿、有色金属、石膏等矿产资源，是重要的能源原材料工业基地。南水北调工程的实施，可以缓解受水区水资源供需紧张局面，逐步消除影响北方经济发展的“瓶颈”，极大地提高北方地区水资源承载能力，不断提高人民群众的生活质量。

为保障粮食安全、改善生产生活创造条件。南水北调工程是洪水资源化的示范工程，也是粮食安全的保障性工程。南水北调工程通过在沿线各地建设调蓄水库和利用自然湖泊，可较大地增强水资源调配能力，尤其是通过适时调引长江流域的洪水，入注沿线调蓄水库，不仅可以减轻水源区防洪压力，而且为北方地区农业灌溉、回补地下水等提供水资源保证，有效缓解受水区的地下水超采局面。

工程实施后，每年可间接增加生态和农业用水 60 亿 ㎥，使北方地区水生态恶化的趋势初步得到遏制，逐步恢复和改善生态环境，并进一步提高北方粮食产区生产能力，挖掘粮食增产潜力，促进粮食供需平衡。在全球气候变暖、极端气候增多条件下，增加国家抗风险能力，为经济社会可持续发展提供保障。

南水北调工程还有利于拉动内需和扩大就业。国务院发展研究中心研究数据表明，南水北调工程建设将直接拉动沿线经济增长，增加就业机会。仅东线、中线一期工程，每年可增加约 18 万个就业机会。在工程建成后的运行期，随着广大受水区水资源条件的改善，企业生产结构和规模也会随之变化，一些新兴产业将得到迅速发展，扩大就业的机会将进一步增多。

为实现人与自然和谐发展创造条件。南水北调工程规划期间，不仅考虑了工程对调水区、受水区的影响，也考虑了工程输水沿线的水质和生态环境保护，组织编制了东线工程治污规划和生态环境保护规划，并将东线治污和中线水源地保护纳入总体可研报告统筹安排，有关投资纳入工程总投资，为治污环保工作深入开展创造了条件。南水北调东线工程确定的地表水Ⅲ类标准，既为水污染治理指明了方向，也有利于缓解沿线地区生态环境恶化的趋势，促进江苏、山东两省通过调整经济结构、严格排污标准、改进生产技术等综合措施，强化水污染防治，促进节水防污型社会建设。

中线水源地保护工作，通过政策扶持，加大资金投入，实施生态补偿和治污防污措施，已经取得阶段性成果。受水区通过严格控制地下水开采，加大污水处理力度，保证生态环境用水，促使受水区群众提高水意识，自觉养成人与自然和谐发展的习惯。工程通水后，还可遏制地下水位的下降，对地面沉陷等环境地质问题的解决起到积极作用，显著缓解北方地区生态环境恶化的趋势。

其他国家的调水工程

澳大利亚雪河调水

澳大利亚为解决内陆的干旱缺水问题，在1949—1975年间修建了第一个调水工程——雪山工程。该工程位于澳大利亚东南部，通过大坝水库和山涧隧道网，从雪山山脉的东坡建库蓄水，将东坡雪河的一部分多余水量引向西坡的需水地区。雪河调水工程两大效益是灌溉和发电。该工程调水量为23.6亿m^3，年发电量约50亿千瓦时。

美国东水西调

美国东部湿润，西部干旱缺水。目前已建成的跨流域调水工程有联邦中央河谷工程、加利福尼亚北水南调工程等十多项，这些工程年调水总量达到了200多亿m^3。通过调水，在加州干旱河谷地区发展灌溉农业面积2000多万亩，使加州发展成为美国人口最多、灌溉面积最大、粮食产量最高的州。没有这些调水工程，就没有今天的洛杉矶、拉斯维加斯这批新兴城市，也不会有南加州街道上的繁荣和大片绿洲。

埃及西水东调

埃及国土面积中96%是沙漠，水无疑是它的“生命线”。继1970年阿斯旺高坝建成后，埃及又先后在北部和南部分别建造和平渠与图什卡调水工程，分别将尼罗河水引向西奈半岛和西部沙漠，使埃及可耕地面积增加25%。

以色列北水南调

以色列地处地中海沿岸，降水北多南少。把北方较为丰富的水资源输送到干旱缺水的南方，就是以色列国家的输水工程。输水工程建成后，南部利用充足的光热条件和适当的灌溉，生产出了高质量农产品，使水果、蔬菜、花卉等成为国家赚取外汇较多的产业。

2

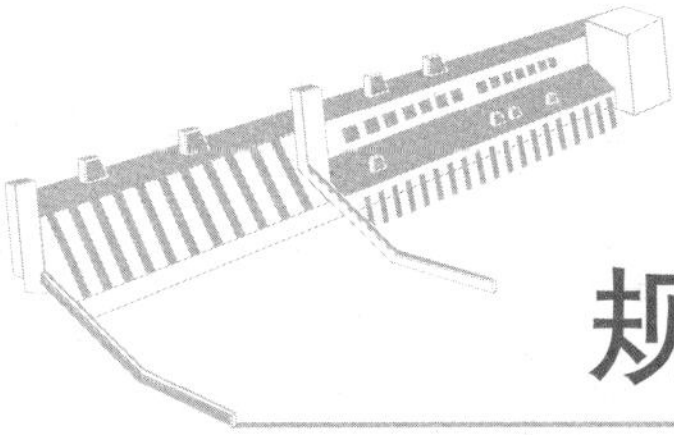

规划设计：

三条调水线路构建“四横三纵”格局

大规模、长距离、跨流域的调水是人类重新分配水资源，缓解缺水地区供需矛盾的主要途径。

盛世治水，是中华民族文明史的一个重要特点。20 世纪 50 年代，新中国成立之初，百废待兴，水旱灾害频仍，中国展开史无前例的大规模水利建设，展示了中国重整河山的胆略和勇气。

五十载的规划研究

在中国水资源分布图上，写着这样两个不等式：第一，占全国径流量 80% 以上的长江流域及以南的河流，水量充沛，仅长江每年就约有超过 8000 亿 m^3 水量白白流入大海；第二，人口、粮食产量、GDP 均占全国总量的 1/3 的黄淮海流域，水资源量只有全国总量的 7.2%。

南方为洪涝所累，北方为干旱所苦。1952 年，毛泽东主席视察黄河，在听取有关汇报后提出：“南方水多，北方水少，如有可能，借点水来也是可以的。”

南水北调，“一方水土养几方人”的宏大战略构想，从此拉开了规划研究的序幕。

经过上世纪 50 年代以来的勘测、规划和研究，在分析比较 50 多种规划方案的基础上，分别在长江下游、中游、上游规划了三个调水区，形成了南水北调工程东线、中线、西线三条调水线路。三条调水线路，与长江、淮河、黄河、海河相互连接，构成中国中部地区水资源“四横三纵、南北调配、东西互济”的总体格局。

2000 年，时任总理朱镕基主持召开国务院南水北调工作座谈会，确定了“三先三后”原则，即先节水后调水、先治污后通水、先环保后用水。2002 年 10 月，水利部就国务院审查意见向全国人大常委会和全国政协做了汇报。当年 12 月 23 日，国务院正式批复《南水北调工程总体规划》。为了这个规划，用了整整 50 载的岁月。

▶ 1952 年 10 月，毛泽东视察黄河

南水北调工程的建设，凝聚了新中国几代工程技术人员的心血和智慧、奋斗和奉献。经过水利人几十年的艰苦努力，在深入开展规划、设计和论证的基础上，形成了南水北调工程总体规划，提出了东、中、西三条调水线路，并反复征求社会各方面的意见和建议，工程方案基本成熟。迄今为止，全世界 40 多个国家有 400 多项调水工程，中国的南水北调是当今世界上最大的远距离、跨流域、跨省市调水工程。

▶ 丹江口大坝鸟瞰

近 6000 人次的反复比选科学论证

如此大规模调水的创举，需要解决各种技术难题，需要考量所有可能出现的不利影响，需要为那些已知、更多则是未知的代价做好应对准备。

自从 1952 年 10 月 30 日毛泽东提出南水北调的宏伟设想以后，中国广大科技工作者持续进行了 50 年的南水北调的论证和研究工作，做了大量的野外勘查和测量，先后提出的方案有 50 多种。在反复分析比较的基础上，才最后形成了南水北调东线、中线和西线调水的基本方案。

在编制南水北调工程总体规划的过程中，坚持的原则是民主论证、科学比选。对社会各界和专家的意见、建议进行了认真分析研究，对参与选比的重要线路都组织了现场查勘或复勘，补充更新了基础资料。参与总体规划工作的有 24 个规划设计、科研教育单位以及南水北调东线、中线工程沿线 7 省（市）和 44 个地级市政府的相关部门。

规划与研究工作涉及经济、社会、环境、农业、水利等众多学科；参与的科技人员超过 2000 人；先后召开了近百次专家咨询会和审查会，与会专家近 6000 人次，其中中国科学院和中国工程院院士有 30 人次、110 多人次；还广泛听取了沿线各省（区、市）

政府有关部门的意见和建议。不难看出，中国南水北调工程的总体规划是跨学科、跨部门、跨地区综合研究的成果。

1980 年 7 月 22 日，中共中央副主席邓小平视察了丹江口水利枢纽工程，详细询问了丹江口水利枢纽初期工程建成后防洪、发电、灌溉效益与大坝二期加高情况。10 月 3 日至 11 月 3 日，根据中国科学院和联合国大学协议，联合国大学比斯瓦斯博士等 8 位专家，联合国 1 位官员，中国水利部、部分高等院校和科研部门的专家、教授、工程技术人员共 60 多人，对南水北调中线和东线进行考察，并在北京举行了学术讨论会。经过考察和讨论，专家们认为南水北调中线和东线工程技术上可行。联合国专家建议在经济和环境方面补充研究南水北调问题。

1988 年 6 月 9 日，时任国务院总理李鹏在国家计委有关报告的批示中说，南水北调必须以解决京津华北用水为主要目标，按照谁受益、谁投资的原则，由中央和地方共同负担。1996 年 3 月，经国务院领导批准，成立南水北调工程审查委员会，邹家华副总理任审查委员会主任。

为了制定合理的切实可行的方案，规划和工程技术人员对每一条引水路线都进行了多次的实地考察、反复论证。

就拿地理环境和地质条件最为复杂的西线工程规划方案的制定来说，黄河水利委员会的专家们为了选定西线工程的调水线路，不仅科学制定调水目标和供水范围，还要对规划中的每条调水路线的调水量、区域内的地质条件、环境生态等进行分析，论证工程的效

▶ 1980 年 7 月，邓小平视察丹江口水利枢纽工程

益。在这样的基础上，才提出了调水工程方案及其实施意见。而对调水方案，先是初选了 12 条线路，详列出每条线路的引水方式、主要规划指标，提出了讨论中的抽水方案和自流方案的主要优点；又召开多次专家咨询会和审查会，结果，众多院士和专家不赞成抽水方案。根据当前开凿隧洞技术水平和已建的长隧洞工程的施工经验，权衡利弊，才决定采用自流方案。又根据工程规模、可调水量、工程地质条件、技术可行性、海拔高程、施工条件及经济指标等因素，经综合比选，才在最后提出的规划方案中确定了较好的大渡河、雅砻江、通天河自流调水方案。

方案确定后，黄河水利委员会才提出了西线调水工程实施意见，包括工程实施分期和投资估算等。其间，还有一些专家对西线工程的规划和实施发表了不同意见或保留意见。

完成决策

自 2000 年 9 月以后，国家发展计划委员会、水利部与国务院有关部门和南水北调工程沿线地方政府进一步加强了以下四个方面的规划工作：

1. 编制节水、治污和生态环境保护专项规划把节水、治污和生态与环境保护作为实施南水北调工程的重要前提，分析不同水平年节水、污水资源化的数量、投资与措施，深入研究对调水区生态与环境的影响，编制完成了《南水北调节水规划要点》《南水北调东线工程治污规划》和《南水北调工程生态环境保护规划》。

2. 规划南水北调工程沿线 44 座城市水资源配置，重点是节水、治污、水资源配置和水价调整等专项规划。同时，还组织开展了“海河流域水资源规划”和“黄淮海流域水资源合理配置研究”。在黄淮海流域水资源合理配置的基础上，充分论证北方受水区的需调水量，为科学合理地确定南水北调工程的调水规模奠定了重要基础。

3. 拟定南水北调工程总体布局和分期实施方案。依据水资源配置最新研究成果和过去 50 年大量的工作成果，通过多种方案比选，依据统筹兼顾、全面规划、分期实施的原则，论证工程总体布局和优化分期实施方案，编制完成了《南水北调东线工程规划（2001 年修订）》《南水北调中线工程规划（2001年修订）》《南水北调西线工程规划纲要及第一期工程规划》和《南水北调工程方案综述》。

4. 进行水价形成机制和管理体制研究。重点研究了适应社会主义市场经济要求的工程筹资方案、水价形成机制以及工程建设与管理体制，编制完成了《南水北调工程水价分析研究》和《南水北调工程建设与管理体制研究》。南水北调工程总体规划就是在上述成果的基础上综合编制而成的。

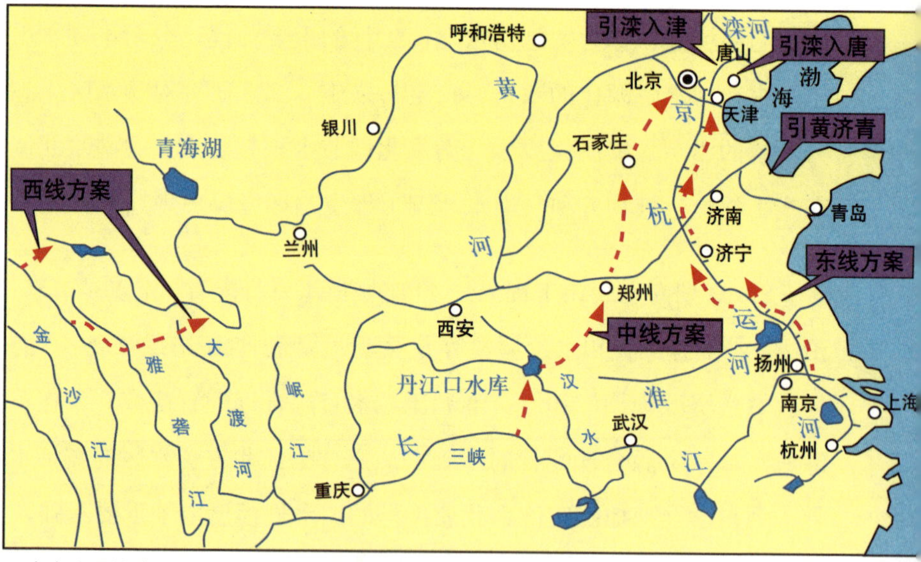

▶ 南水北调线路图

《南水北调工程总体规划(征求意见稿)》在2002年1月完成后，国家发展计划委员会和水利部于2月初分别送财政部、农业部、建设部、交通部、国家环境保护总局等五部（局）以及北京、天津、河北、河南、湖北、山东、江苏、安徽、陕西9省（直辖市）政府征求意见，同时多次听取了中国国际工程咨询公司以及部分院士、专家的意见；2 月 25 日向政协全国委员会进行了汇报；2 月 26 日向全国人大农业与农村委员会进行了汇报。

根据所征求的各方面意见，国家发展计划委员会和水利部对总体规划进行了多方协商和认真修改，并于 2002 年 8 月初联合呈报国务院审批。12 月 23 日，国务院正式批复《南水北调工程总体规划》。就这样，历时半个世纪，当中国的综合国力强大到足以保证能实现这一宏伟设想的时候，南水北调工程的建设提上了日程。

2002 年 12 月 27 日，南水北调工程开工典礼在北京人民大会堂和江苏省、山东省施工现场同时举行。这标志着南水北调工程进入实施阶段。

2003 年 7 月 31 日，国务院南水北调工程建设委员会成立，12 月 28 日，国务院南水北调工程建设委员会办公室正式挂牌，国务院南水北调工程建设委员会办公室是国务院南水北调工程建设委员会的办事机构，承担南水北调工程建设期的行政管理职能。

东线工程规划

▶ 供水范围和目标

东线工程的供水范围分为黄河以南、胶东地区和黄河以北三片，涉及江苏、安徽、山东、河北、天津五省市。

主要供水目标是解决调水线路沿线和胶东地区的城市及工业用水，改善淮北地区的农业供水条件，并在北方需要时，提供生态和农业用水。工程实施后可基本解决天津市、河北省黑龙港部分地区、山东北部、西南部和胶东部分城市的水资源紧缺问题，并具备向北京供水的条件。

▶ 调水线路

东线工程利用现有的江苏省江水北调工程，扩大规模，向北延伸。规划从江苏省扬州附近的长江干流引水，利用京杭大运河以及与其平行的河道输水，连通洪泽湖、骆马湖、南四湖、东平湖，并作为调蓄水库，经泵站逐级提水进入东平湖后分水两路，一路向北穿黄河后自流到天津北大港水库；另一路向东经新辟的胶东地区输水干线接引黄济青渠道，向胶东地区供水。

从长江到天津北大港水库输水主干线长约 1150 公里；胶东地区输水干线工程西起东平湖，东至威海市米山水库，全长 701 公里。

南水北调东线工程示意图

京杭大运河

京杭大运河北起北京，南至杭州，经北京、天津两市及河北、山东、江苏、浙江四省，沟通海河、黄河、淮河、长江、钱塘江五大水系，是世界上最长的一条人工开凿的运河，全长 1794 公里，比苏伊士运河长 10 倍，比巴拿马运河长 20 倍。大运河肇始于春秋时期（前 722—前 476），形成于隋代（581—618），发展于唐宋（618—1279）和元代（1271—1368）。

引黄济青工程

引黄济青工程是山东省境内一项将黄河水引向青岛的跨流域、远距离的大型调水工程，于 1986 年 4 月 15 日开工兴建，1989 年 11 月 25 日正式通水。工程建有 253 公里人工衬砌输水明渠和 22 公里暗渠。黄河水在滨州起点进行沉淀，向东南经过东营、潍坊，最后抵达青岛市境内。

▶ 京杭运河江苏段

工程规模

东线工程从长江下游引水，水源丰沛，可利用现有泵站和河道，工程较简单，投资较小，易于分期建设。根据规划，东线工程先通后畅、逐步扩大规模，分三期实施。第一期工程：主要向江苏和山东两省供水。第二期工程：供水范围扩大至河北、天津。第三期工程：增加北调水量。

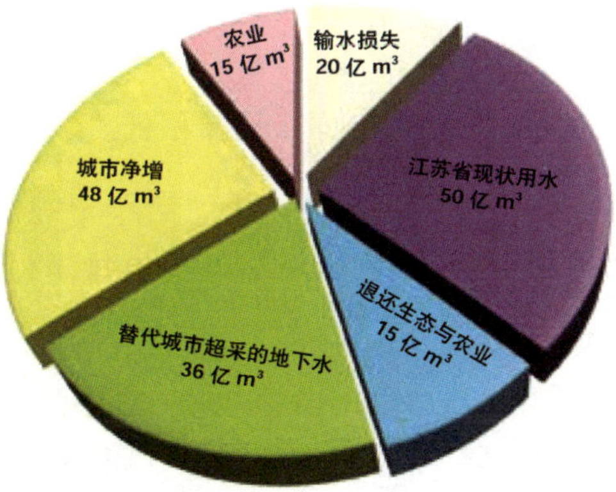

▶ 东、中线一期工程调水用途构成图

工程规划

南水北调东线主体工程由输水工程、蓄水工程、供电工程三部分组成。

1．输水工程

输水河道。引水口有淮河入长江水道口三江营和京杭运河入长江口六圩两处。输水河道工程从长江到天津输水主干线，黄河以南

651 公里，穿黄河段近 8 公里，黄河以北 490 公里。

京杭大运河为输水主干线，部分输水河段增设分干线。分干线总长 740 公里，90% 利用现有河道，其中黄河以南 665 公里。

泵站枢纽。东线的地形以黄河为脊背向南北倾斜，引水口比黄河处地面低 40 余米。从长江调水到黄河南岸需设 13 个梯级抽水泵站，总扬程 65 米。调水穿过黄河后可自流到天津。黄河以北各蓄水洼淀进出口设 5 处抽水泵站。

南水北调东线工程泵站的特点是扬程低（多在 2—6 米）、流量大（单机流量一般为 15—40 立方米 / 秒）、运行时间长（黄河以南泵站约 5000 小时 / 年），部分泵站兼有排涝任务，要求泵站运转灵活、效率高。

穿黄河工程。选定在山东东平县与东阿县之间黄河底下打隧洞方案。穿黄河工程的倒虹隧洞段长 634 米，平洞段在黄河底下 70 米深处，为两条洞径 9.3 米的隧洞。

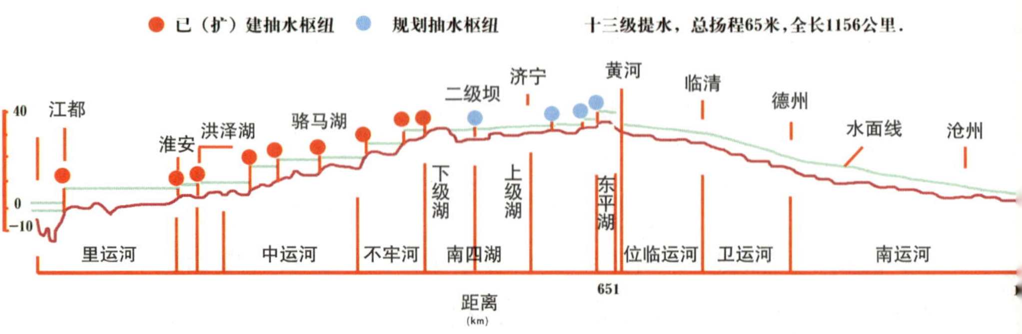

▶ 东线工程纵向剖面图

2. 蓄水工程

东线工程沿线黄河以南有洪泽湖、骆马湖、南四湖、东平湖等湖泊，略加整修加固，总计调节库容达 75.7 亿 m^3，不需新增蓄水工程。黄河以北现有天津市北大港水库可继续使用，天津市团泊洼和河北省的千顷洼需扩建，还要新建河北省大浪淀、浪洼两个水库。这五处平原水库总调节库容 14.9 亿 m^3。

中线工程规划

▶ 规划目标和供水范围

南北水调中线工程的规划目标，是解决北京、天津和整个华北地区城市缺水问题，缓和城市挤占生态与农业用水的矛盾，基本控制大量超采地下水、过度利用地表水的严峻形势，遏制生态环境继续恶化的趋势。

中线工程地理位置优越，水源水质好，可基本自流输水。远景视发展需要可从长江三峡水库引水增加北调水量。

中线工程按丹江口水利枢纽大坝加高至正常蓄水位 170 米的条件下，考虑汉江中下游地区未来经济社会和生态环境的需要，在建设汉江中下游工程后，近期（2010年）多年平均年调水量为95亿m³，后期（2030年）为120亿—140亿m³。

南水北调中线主体工程包括水源工程、输水工程、调蓄工程等。

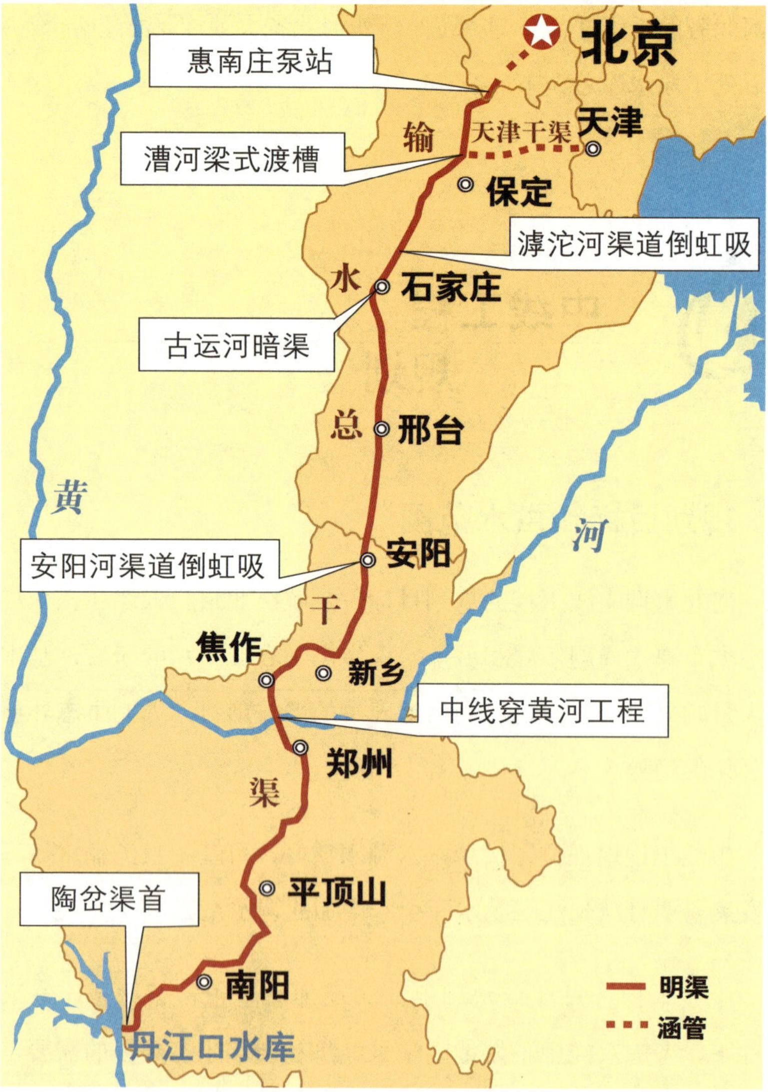

▶ 南水北调中线工程示意图

▶ 水源工程规划

水源为丹江口水库。丹江口水库控制汉江 60% 的流域面积，多年平均天然径流量 388 亿 m³。水源工程即丹江口水利枢纽在已建成初期规模的基础上，按原规划对大坝进行加高，坝顶高程从现在的 162 米加高至 176.6 米，设计蓄水位由 157 米提高到 170 米，总库容达 290.5 亿 m³，比初期增加库容 116 亿 m³。

▶ 输水工程规划

1. 总干渠

输水总干渠自陶岔渠首闸引水，沿线开挖渠道，利用有利地形，经河南省唐白河流域西部过长江流域与淮河流域的分水岭方城垭口，沿黄淮海平原西部边缘，在郑州西孤柏嘴处穿过黄河，沿京广铁路西侧北上，可基本自流到北京、天津。

总干渠全长 1271 公里，终点是颐和园的团城湖；天津干渠自河北省徐水县西黑山村北分水向东至天津外环河，全长 154 公里。

总干渠沟通长江、淮河、黄河、海河四大流域，需穿过黄河干流及其他集流面积 20 平方公里以上河流 205 条，跨越铁路 39 处，需建跨总干渠的公路桥 672 座，此外还有节制闸、分水闸、退水建筑物和隧洞、暗渠等。总干渠上各类建筑物共 1660 座；天津干渠穿越大小河流 48 条，有建筑物 114 座。

2. 穿黄河工程

穿黄工程规模大，问题复杂，投资多，是总干渠上最关键的建筑物。经多方案综合研究比较认为，渡槽和隧道两种形式技术上均可行。由于隧道方案可避免与黄河河势、黄河规划的矛盾，且盾构法施工技术国内外都有成功经验可资借鉴，因此结合两岸渠线布置，决定采用隧道方案。

穿黄河隧道工程全长约 3.5 公里，设计输水能力 500 m^3/s，采用两条内径 7.5 米的圆形断面隧道。

▶ 南水北调中线干渠陶岔渠首闸

调蓄工程规划

丹江口水库既是中线调水之源，又是中线工程最大调蓄工程。此外，规划将输水线路东西两侧现有向城市供水的 19 座水库和洼淀作为中线受水区的调蓄工程。这些水库、洼淀的总调节库容为 67.5 亿 m^3，其中位置较低、可由输水干渠充蓄的水库、洼淀的调蓄库容为 10.9 亿 m^3。

西线工程规划

供水目标、供水量

供水目标：主要解决西北地区缺水问题，同时促进黄河的治理开发，必要时相机向黄河下游供水，以缓解黄河下游断流等生态环境问题。供水范围初步考虑为青海、甘肃、宁夏、陕西、内蒙古和山西六省区。

供水量：据对通天河、雅砻江、大渡河三条河引水方案的规划研究，从三条河年最大可调水量约为 200 亿 m^3，其中从长江上游通天河调水 100 亿 m^3；从长江支流雅砻江调水约 50 亿 m^3；从长江的二级支流大渡河调水 50 亿 m^3。

需要说明的是，随着西北地区经济建设速度的逐步加快，黄河上中游支流开发和集雨工程的发展，将进一步加大支流的用水，减少黄河干流的水量。南水北调西线工程除补充这部分水量外，还要解决干流扬黄、自流引黄、黄河冲沙和生态用水的需求；在龙羊峡—三门峡河段向黄河两岸地区供水和向黄河干流补水，并向流域外的黑河、石羊河等地补水。

黑河、石羊河

黑河是中国西北地区第二大内陆河，发源于祁连山北麓中段，流经青海、甘肃，北至内蒙古额济纳旗境内的居延海。其中下游地区极度干旱，风沙危害十分严重，为中国北方沙尘暴的主要来源区之一。

石羊河流域位于甘肃河西走廊东端，发源于祁连山东段，消失于巴丹吉林和腾格里沙漠之间的民勤盆地北部。由于中游对水资源的过度使用，进入民勤盆地的地表水量大大减少，终端湖泊近期均已消失。

引水线路

1. 雅砻江引水线

从雅砻江修建枢纽，自流引水到黄河支流恰给弄。枢纽坝高175米，线路全为隧洞，全长131公里。

2. 通天河引水线

此方案系与雅砻江引水联合开发，即在雅砻江引水先期开发条件下的二期工程。在通天河建枢纽自流引水到雅砻江，再由雅砻江引水到黄河支流恰给弄。枢纽坝高 302 米，线路全为隧洞，全长 289 公里。

3. 大渡河引水线

在大渡河上游修建枢纽，抽水到黄河支流贾曲。枢纽坝高 296 米，线路全长 30 公里，其中隧洞长 28.5 公里。泵站抽水扬程 458 米，年用电量 71 亿千瓦时。

▶ 仁达坝址

实施意见

西线调水工程是一个比较长远的方案。方案规划分一、二、三期实施，而且延后进行。

黄河与长江之间有巴颜喀拉山相隔，黄河河床高于长江相应河床 80—450 米。调水工程需筑高坝壅水或用水泵抽水，并开挖长隧洞穿过巴颜喀拉山。引水方式考虑自流和抽水两种。无论采取哪种引水方式，都要修建高坝和开挖长隧洞。

该工程引水的水源点多，调水区的水质好，但因地处长江上游，水量相对有限。又因位于青藏高原东南部，属高寒缺氧地区，自然环境较为恶劣，交通不便，且处于褶皱强烈、活动断裂较为发育的强地震带，地震烈度大都在 6—7 度（局部 8—9 度），地质条件较为复杂，工程技术难点相对较多，工程投资大。

具体实施意见是：2010 年以前完成第一期工程的可行性研究、初步设计和招标文件编制，力争 2010 年后开展并完成第二期工程规划，适时转入项目建议书和可行性研究工作。预计第三期工程的实施距今尚有 30 多年，届时，中国水资源配置网络已基本形成，西部地区经济社会发展对水资源的需求也将有很大变化，工程方案尚需进一步优选。

前期准备

西线调水工程的前期准备工作目前还在进行中。

2003 年 7 月底至 8 月上旬，水利部组织有关单位的领导和专家共 21 人，对西线第一期工程进行了详细的考察。考察范围涉及长江的支流岷江、雅砻江、岷江的支流大渡河和黄河支流贾曲等多条河流。

南水北调西线第一期工程规划由 5 座引水枢纽、7 段输水隧洞和 1 段明渠串联而成。他们的考察内容涵盖了坝址和输水线路工程地质条件、调水区生态环境、调水河流的水资源状况。同时，沿途考察了当地生态环境、社会经济、基础设施、水利建设、岷江的梯级开发和干热河谷、鲜水河地震活动带等。

专家们还提出，进一步采取有效措施，加强前期工作：结合当地经济发展对电力的需求，可分部位、有重点地超前开展前期工作；可调水量尚需进一步论证复核，还要对调水区生态环境及水力发电的影响开展更为广泛、深入的研究；工程区地质问题的研究需进一步深化；建议尽快改善现场生活和工作条件，建设后勤保障基地等。

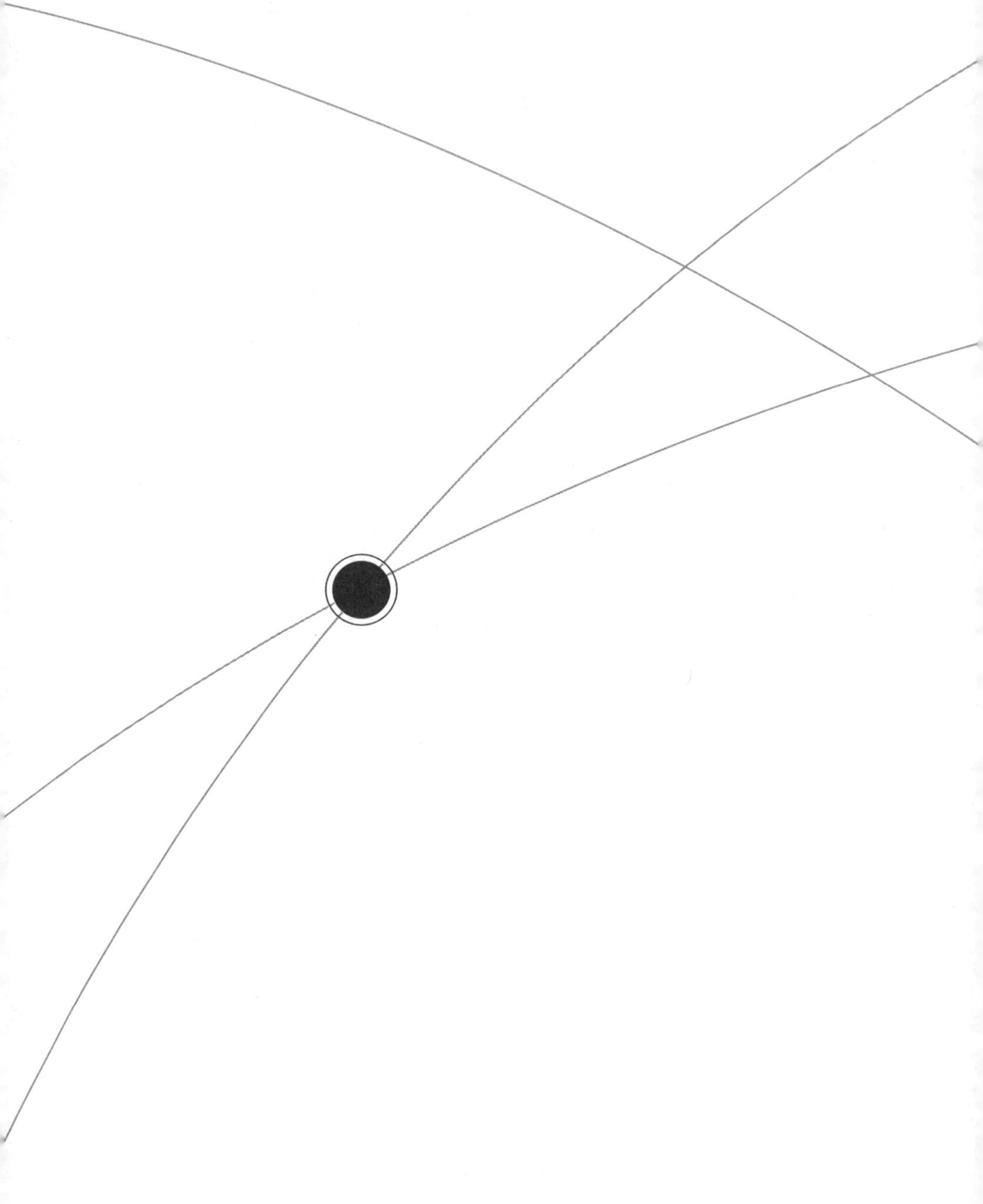

3

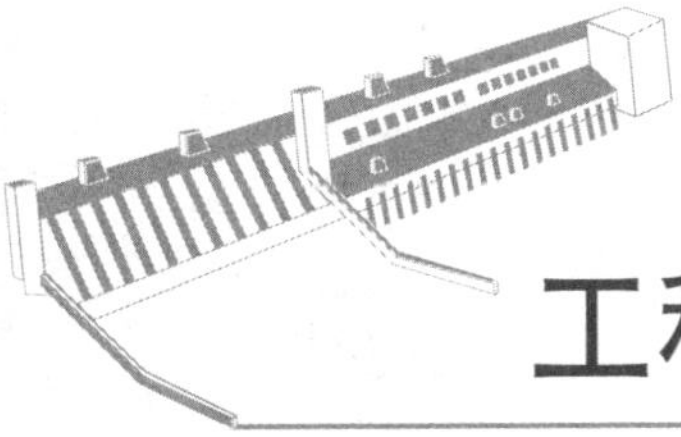

工程建设：

百万建设者的拼搏奉献

中国水电三

10 年一个年代。2002 年开工的战略性设施，在中国广袤的土地上构筑起承载民族血脉的“水上长城”。为了引千里甘泉润泽华夏，从运筹帷幄的决策者、管理者，到艰苦奋战的建设者，他们用坚忍与奋斗凿通南北，让江河握手，让湍流改道。他们十年如一日，风餐露宿，日夜兼程，架槽穿洞，穿山越河，上万套机械设备往来穿梭，上千套大型混凝土衬砌机沿着渠道前进。

10 年艰苦卓绝的建设成果渐显，源自丹江口水库的一库清水将穿城市、越乡野，蛟龙行海一般，浩浩荡荡流向北国。

东线工程的建设

东线第一期工程的建设任务，是充分利用现有河道、湖泊，新建和改扩建 21 座泵站，并建设部分输水和调蓄工程。从江苏扬州的江都抽水站抽水，经 13 级提水，扬程 65 米，在江苏省现有抽江规模基础上年均新增调水 39 亿 m^3，达到 89 亿 m^3。主要受益地区是苏北和鲁西南及胶东地区，2013 年通水。

东线江苏段工程

南水北调东线工程是在江苏江水北调工程基础上扩大规模和向北延伸。从长江下游扬州的三江营抽引长江水，分 13 个梯级逐级提水北上。

1. 东线水源江都水利枢纽工程

在江苏省江都水利枢纽第一抽水站旁边，立着一块 2.5 米高的巨石，上书“源头”两个遒劲大字。这里就是南水北调东线工程调水的源头。截至 2012 年底，江苏省南水北调运河线全面建成，运河西线基本建成，为南水北调主体工程 2013 年 6 月具备通水条件打下了良好的基础。

▶ 江都水利枢纽

江都水利枢纽地处江苏省扬州市以东 14 公里的江都区，位于京杭大运河、新通扬运河和淮河入江尾闾芒稻河的交汇处。4 座大型抽水站共装有大型泵机组 33 台套。它既是江苏省江水北调的龙头，也是国家南水北调东线工程的源头。

▶ 江都抽水站内景

江苏段的工程主要就是在原先的江水北调工程基础上“扩大规模、向北延伸”。为此，江都水利枢纽于 2005 年实施改造工程，2010 年全面完成，流量 400 立方米 / 秒。

2010 年工程建成后，江都水利枢纽电动机全速运转，长江水经过宽 5 米，高 3.7 米的进水口后，被叶轮直径达 1.64 米的水泵抽上来，然后输送到一号抽水站的另一侧，并利用该站堤身式结构直接挡水，防止它重新流回去。经过这道工序，长江水就开始了北上之旅，水位也被提升了 6 米左右。而在整个北上的过程中，长江水要经历 13 次类似的提升过程，累计将被提高 40 多米，才能最终抵达目的地。

江都水利枢纽有 4 座抽水站，33 台机组，自 2010 年 11 月 19 日以来，每天 24 小时向北调水，满负荷运行 186 天，抽引江水北送 42.35 亿 m^3，超过一个洪泽湖的正常蓄水量（30 多亿 m^3）。

2. 三阳河潼河宝应站工程

2002 年 12 月 27 日上午，国务院隆重举行南水北调东线工程开工典礼，在北京设立主会场，江苏、山东两省施工现场设立分会场。江苏分会场设在扬州市宝应县潼河施工现场。

三阳河潼河宝应站工程是南水北调东线一期工程江苏段首批实施项目。该工程主要内容包括新建、扩建三阳河 29.95 公里，新建潼河 15.5 公里（包括宝应泵站枢纽段 1.2 公里）及宝应泵站和扬淮公路桥等，总投资 8.3 亿元。

▶ 竣工后的三阳河河道工程

▶ 宝应站外景

宝应泵站是南水北调首批开工的项目，也是南水北调东线第一个建成的泵站工程，主要作用是与江都水利枢纽共同组成南水北调东线工程第一级抽江泵站，由宝应泵站抽水 100 立方米 / 秒进入里运河，与江都泵站抽水 400 立方米 / 秒，共同实现第一期工程抽江 500 立方米 / 秒规模的输水目标，同时结合改善里下河地区的排涝条件和水环境，并为发展沿线航运提供水源条件。

3. 洪泽湖至骆马湖段工程

2009 年 6 月 30 日，南水北调东线洪泽湖至骆马湖段工程开工建设，东线江苏段工程建设进入加快实施的新阶段。

开工建设的洪泽湖至骆马湖段工程，建成后可实现调出洪泽湖 350 立方米 / 秒、调进骆马湖 275 立方米 / 秒的输水目标，是实现东线工程建设目标的关键任务。

工程泵站除承担调水任务外，还兼顾灌溉、排涝、航运等功能。该段工程的开工建设，对南水北调东线一期工程如期通水起到重要的促进作用。

▶ 2005 年 10 月，江苏淮安四站工程开工仪式

东线山东段工程

南水北调山东段工程全长1191公里，其中南北输水干线长487公里，东西输水干线长704公里，在山东境内构成“T”字形输水大动脉。每年可为山东省调引长江水15亿 m^3，将有效缓解山东省水资源不足的问题，并可实现长江水、黄河水、淮河水和山东当地水的联合调度、优化配置。

在2013年试通水阶段，山东段工程共划分为韩庄运河段至南四湖段、南四湖段至东平湖段、穿黄河工程和鲁北段、胶东输水干线4个试通水单元。

1. 济平干渠工程

2002年12月27日，一个晴朗的冬日，齐鲁大地处处银装素裹。盼望已久的南水北调东线工程，终于迎来了首个开工的日子。

山东段济平干渠工程机械衬砌施工

南水北调济平干渠工程开工典礼在平阴县东部贵平山口举行。北贵平村82岁的老人张立生，拄着一根龙头手杖站在村头，望着眼前热闹的开工现场，颤巍巍地说：“今年天旱，村民要买水浇地，种庄稼赔本儿。有了这项大工程，我们就不怕旱了。”

▶ 济平干渠

27日开工的济平干渠工程，是南水北调工程的重要组成部分，也是南水北调胶东地区输水干渠的首段工程。济平干渠输水线路全长89.9公里，设计输水流量50立方米/秒，工程静态总投资12.63亿元。

2010年10月22日，南水北调东线一期工程山东段东平湖—济南段输水工程设计单元工程（济平干渠工程）通过国家完工验收。这是全国南水北调工程第一个完工验收的项目，在生态、应急调水方面发挥了效益。

济平干渠工程主体工程2005年12月建成，2005年底试通水运行，输水线路全长90.055公里。工程先期引调东平湖水向济南市区及沿途县、区补充城镇生活和工业用水，改善沿线的生态环境。5年间，济平干渠工程在防洪排涝、调节生态等方面发挥了显著的综合效益，累计排洪涝水、送生态水4亿多m^3。

2. 东线穿黄主体工程

“预备，爆！”随着一声令下，几秒钟后震耳欲聋的巨响传来。最后一爆硝烟散尽，南水北调东线穿黄隧洞终于全线贯通！

喊出爆破命令的人是52岁的王跃进，他是中国水利水电第五工程局穿黄隧洞工程调度室的副主任。在这里，这位山西汉子已经度过了整整26个春秋。

“二十五六岁的时候，我就到这儿来了。”王跃进说，“1984年的时候，我就跟着五局到这儿进行施工准备，到1986年4月份，我们开始正式钻灌开挖。”王跃进说，因为之前对河底岩溶发育及水文地质情况了解还不清楚，所以他们先在河床底部开挖了一条过河勘探试验洞。

穿黄探洞的直径仅为3米，在此基础上向两侧和底部进一步开凿，扩建至现在的7.5米直径。扩建后，洞的内壁用水泥灌浆、钢筋等进行加固。因为水利工程很少有开挖试验洞的，因此这个试验洞被称为中国“水利工程第一洞”。

东线穿黄勘测试验探洞

东线穿黄隧洞开工

“搞清可行性以后，我们就正式开工了，2007年12月，我们在试验洞的基础上扩挖。二十多年了，到今天终于通啦！”说到这里，王跃进的语调开始高了起来，我们可以清晰地感受到他的激动、兴奋。这位身着蓝衣、头戴红色安全帽、满脸皱纹的老水利工人，已经将他生命中一半的时间献给了这条黄河隧洞。二十六载的辛劳之后，随着一声巨响，贯通黄河的梦想终于实现！

穿黄河工程是南水北调东线的关键性控制项目，被称为这一调水线路的“咽喉”，主体工程全长7.87公里，湖内疏浚9.427公里，总投资6.13亿元。穿黄隧洞在黄河主河槽隐伏山梁下穿过，最大埋深达70米，1986年即开始勘探试验洞建设，于2007年12月底正式开工建设。

历经4年的工期，2012年1月8日，位于山东省境内的东线穿黄隧洞出口闸及出口连接段最后一仓混凝土浇筑完成，至此南水北调东线穿黄河工程的主体工程全部完工。

3. 山东段工程 10 年建设圆满收官

山东省南水北调工程经过 10 年建设，2012 年进入收官阶段。截至 2012 年底，山东段干线主体工程基本完工。在山东省南水北调工程所有 11 个单项、54 个设计单元工程中，已有 9 个单项、49 个设计单元工程完工或基本完工，其中干线主体工程已基本完工。工程累计完成投资 214.7 亿元，占工程批复投资的 96.7%。

▶ 武警水电部队官兵在隧道施工中捆绑钢筋

截至 2012 年底，山东段单位工程评定 57 个，优良率 100%；

分部工程已评定 685 个，优良率 93%；单元工程已评定 73026 个，优良率 93%，均优于国家提出的质量指标。

山东段工程 10 年建设圆满收官

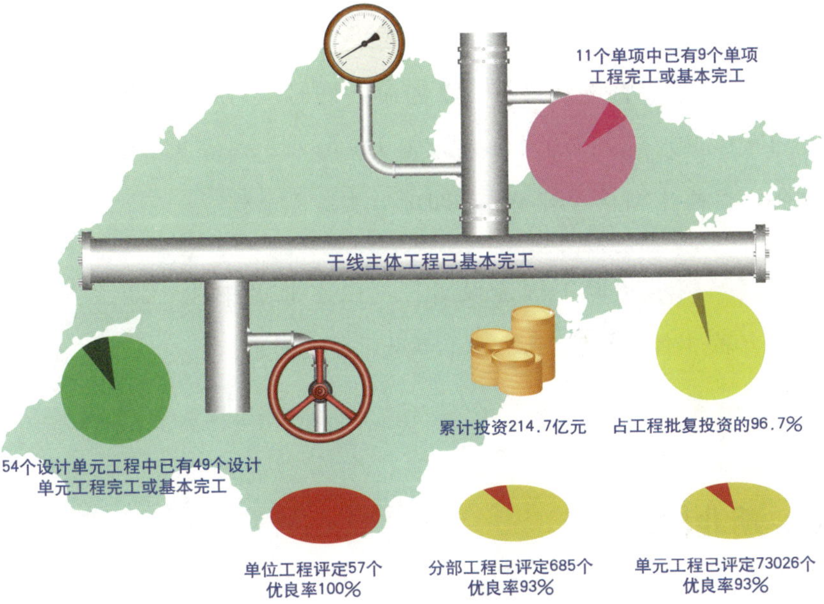

中线工程的重大建设项目

中线输水干渠全长1427公里，向天津输水干渠长154公里。南水北调中线工程以解决中国北方地区的城市生活与工业用水为主，兼顾农业用水。丹江口大坝加高以后，丹江口水库水位抬升，水源基本可以自流到广大的北方地区。规划一期工程，年调水量97亿m^3，最终将达到每年130亿m^3。同时，为减少中线工程从丹江口水库调水后，汉江中下游水量大幅减少、对湖北中部地区的不利影响，修建湖北省引江济汉四项生态建设工程。

按照南水北调工程建设目标，南水北调中线一期工程将于2013年底主体工程完工，2014年汛后全线通水。

▶ 湖北段工程

1. 丹江口大坝加高工程

丹江口大坝加高是在丹江口水利枢纽初期工程的基础上进行加高续建。

早在1958年，丹江口水库作为南水北调的水源枢纽开始动工兴建。当时的工程规模为坝顶高175米，正常蓄水位170米。至

1962 年，大坝水下部分建成时，因国家经济困难，1966 年国务院决定缩小建设规模，预留坝基，分期建设。初期工程于 1973 年建成并投入使用，坝顶高程 162 米，正常蓄水位 157 米。由于初期工程建成时已考虑到后期大坝加高的要求，预先采取了混凝土坝下游面设置键槽、河床坝段 100 米高程以下按正常蓄水位 170 米方案进行建设等必要的工程措施，为大坝加高工程创造了有利条件。

2005 年 9 月 28 日在中线调水源头丹江口开工建设的丹江口水库大坝加高工程是中国目前最大的大坝加高工程。

▶ 丹江口大坝加高工程施工

如何使新老混凝土能联合受力以保证大坝安全是核心问题。在进行混凝土坝加高时，首先要进行老坝体下游面的贴坡加厚部分混凝土的施工，然后再进行加高混凝土施工，要先解决好下游坡面新老混凝土结合问题。

为攻克这些技术难关，专家根据多年的试验研究和大量的计算分析及参考国外有关工程的成功经验，提出了以直接浇筑为主，在竖直接合面采用人工补凿键槽，溢流坝段堰面采用宽槽回填为辅的总体方案，并根据各类坝段各自的特点，相应采取不同的处理措施及手段。

工程技术人员的联合攻关解决了老混凝土拆除及控制爆破、炭化层检测及凿除、人工键槽施工、混凝土温度控制等一批重大技术难题。统计显示，大坝加高工程自 2005 年开工建设以来，主体工程累计完成土石方开挖 57.68 万 m^3，老坝体裂缝处理 17543.93 米。目前需加高的 54 个混凝土坝段已有 53 个加高到 176.6 米设计高程，左岸土石坝填筑高程大面已达到 170 米以上。

2. 兴隆水利枢纽工程

世界上有两条相似的河流。

贯穿中国湖北省的汉江与美国的田纳西河是世界上两条相似的河流，它们所处纬度相近。田纳西河是密西西比河的最大支流，汉江是长江的最大支流，两者的流域面积、年径流量等自然条件差别不大。

上世纪30年代，美国启动流域综合开发工程，在田纳西干支流上建起54座水库、9个梯级13座船闸，把水患连年、贫穷落后的田纳西河流域变成了一个生态环境优美、工农业较为发达的美国中等发达地区。

▶ 中线兴隆水利枢纽工程右岸围堰防渗墙施工

1958年，湖北省首次实现汉江截流，开始了汉江的大治理，建成后的丹江口水利枢纽，把“沙湖沔阳州，十年九不收”的中下游平原变成了名副其实的“鱼米之乡”。

2003年的一天，时任湖北省省长的罗清泉与当时的国家水利部部长汪恕诚有一番对话：“引进现代水利观念，把汉江建成现代水利示范工程，治理后的汉江，应是自动化程度最高、生态环境最好、景观最美，像美国的田纳西河那样……”

这一愿望在2009年2月26日开始实施，总投资30.49亿元的南水北调中线汉江“兴隆水利枢纽”工程开工。兴隆枢纽工程的任务是通过调蓄增加下游河段枯水期的水量，改善该河段的生态、灌溉、供水、航运用水条件。当年12月实现大江截流。泄水闸、电站、船闸三大主体工程于2010年4月开始混凝土浇筑。

在进行防渗墙成墙浇筑施工中，项目部完成防渗墙浇筑3.22万平方米，日浇筑最高量超过2000平方米，创造了中国防渗墙工程建设史上月施工强度和日施工强度两项新纪录。

经过综合治理，在不久的将来汉江将成为科学文明的新汉江，一个可与美国田纳西河媲美的新汉江。

▶ 河南段工程

南水北调中线工程经河南省段全长730公里，工程年调水量95亿 m^3 。

1. 穿黄河工程

2005年9月27日，备受关注的南水北调中线穿越黄河工程开工建设。中线一期穿黄河工程是南水北调工程中投资较大、施工难度最高、立交规模最大的控制工程建筑物，也是人类历史上最宏大的穿越大江大河的工程。穿黄隧洞采用目前世界上较为先进的泥水平衡式盾构法施工。施工使用的盾构机由德国制造，刀盘直径9米，总重量达1100吨。

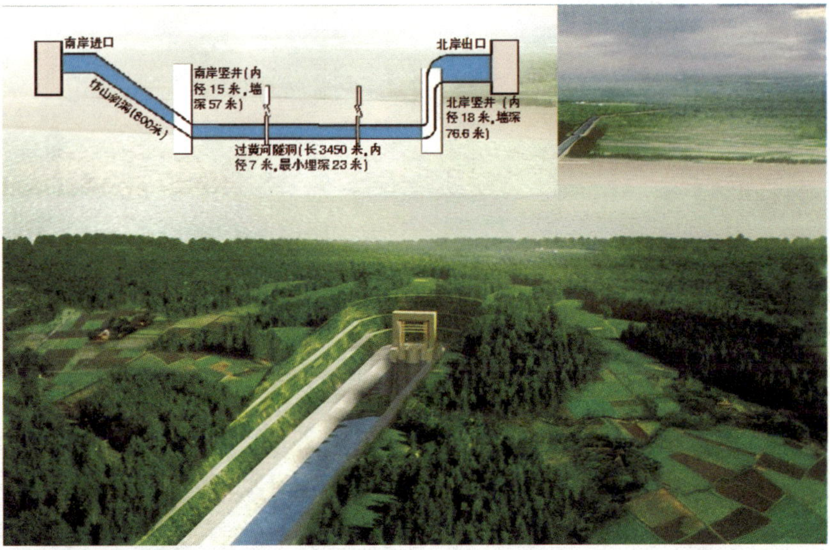

▶ 中线穿黄河工程效果

南水北调中线穿黄河工程

中线一期穿黄工程的任务是将中线调水从黄河南岸输送到黄河北岸，向黄河以北地区供水，同时在水量丰沛时可相机向黄河补水。一期工程设计流量为265立方米/秒，加大流量为320立方米/秒。所选定的李村穿越黄河线路位于郑州市以西约30公里的孤柏湾处，渠段全长19304.5米，以隧洞方式穿越黄河。北调之水将自流穿过黄河。工程概算投资为31.37亿元，主体工程施工工期为51个月。长江与黄河在这里实现立体交汇。

▶ 中线穿黄工程施工组图：①黄河北岸竖井施工 ②盾构施工始发仪式 ③盾构掘进

④掘进中的隧洞 ⑤基本成型的隧洞

2. 沙河渡槽段工程

沙河渡槽段工程 2009 年 12 月 30 日开工，长 11.9 公里，跨沙河、将相河、大浪河 3 条河流。沙河渡槽段工程是南水北调中线规模最大、技术难度最复杂的控制性工程之一，工程综合指标排名世界第一。工程总投资 26.57 亿元，工期 41 个月。

▶ 沙河渡槽槽片吊运

▶ 沙河钢筋笼吊装至模板内

3. 湍河渡槽工程

中线湍河渡槽工程于 2010 年 12 月 1 日开工，2013 年完工。

总投资 2.66 亿元的湍河渡槽工程是南水北调中线干线河南段的控制性项目之一，渡槽全长 1030 米，共 18 跨，是目前世界单跨流量最大的渡槽。因其结构设计新颖大胆，施工工艺、设备史无前例和工期紧迫而成为重点项目，尤其是渡槽采用造槽机施工，单跨 40 米，输水渡槽的每块槽身由三个 U 形孔组成，每一孔为一榀，这在以往渡槽采用造槽机施工中没有先例。

与提前预制槽身完全不同，湍河渡槽采用的造槽机现场浇筑施

▶ 湍河渡槽工程的雄姿

工技术更具挑战性。“就像在桥墩上自由伸缩的云梯，所过之处，U 形槽身立现。”南水北调中线建管局副总工程师程德虎说。造槽机现场浇筑施工不仅可以解决地形地貌对整个施工现场的影响，而且可以尽量减少汛期对整个施工组织的影响。在整个工程施工中，安装 3 台造槽机，最大造槽机总重 1250 吨，长 88 米。

建设者最先进行地下桩基施工，经过 108 天的紧张奋战，完成了 342 根摩擦桩的桩基灌注施工任务，并于 2011 年 6 月 12 日从地下作业转入地上施工阶段。2011 年 11 月 2 日，湍河渡槽首跨槽身顺利完成混凝土浇筑。经过现场检验，第一榀槽身混凝土质量达到设计要求。

▶ 河南湍河渡槽 ▶ 工人在湍河渡槽施工现场安制钢筋

▶ 河北段工程

河北段工程全长 464 公里，涉及渠道工程 422 公里、建筑物 701 座，其中总干渠投资为 270 多亿元。

河北段以石家庄为界，分为南北两部分。石家庄以北到北京段是于 2003 年底先期开工的应急调水工程，在中线全部建成之前，为 2008 年举行奥运会的北京提供水源保障。以南接通河南，接收丹江口水库的来水。

1. 滹沱河倒虹吸工程

2003 年 12 月 30 日上午，南水北调中线工程河北段第一个建设项目——滹沱河倒虹吸工程正式开工。这一项目的开工建设，标志着南水北调中线河北段渠道衬砌机施工北段工程正式进入施工阶段。滹沱河倒虹吸工程位于石家庄市正定县境内滹沱河上，是京石段应急供水工程的重要组成部分。随后，南水北调中线唐河倒虹吸

▶ 夜晚的滹沱河倒虹吸施工工地

工程和釜山隧洞工程也正式开工建设。以此为标志，南水北调中线京石段应急供水工程进入全面建设阶段。

2. 中国最大输水渡槽——漕河渡槽工程

南水北调中线工程漕河渡槽Ⅲ标段最后一仓槽身混凝土于

▶ 建设中的漕河渡槽远景

2007年11月4日零点30分浇筑完毕。至此，中国目前最大的输水渡槽——漕河渡槽主体工程基本完工。

丹江口大坝加高工程、穿黄工程、漕河渡槽工程并称为南水北调中线三大重点工程，其中漕河渡槽是南水北调中线京石段应急供水工程的重要组成部分，是控制性工程。

▶ 今日漕河渡槽雄姿

漕河渡槽

位于河北省保定市满城县境内，主干渠线路全长 9319 米，共有 7 座大小建筑物。跨越漕河的巨型渡槽总长 2300 米，设计流量为 125 立方米 / 秒，加大流量为 150 立方米 / 秒。漕河渡槽技术较复杂，施工难度较大，不仅是整个南水北调中古运河暗渠工程施工线干线的最大渡槽，也是中国当前最大的输水渡槽。

▶ 北京段工程

2003 年 12 月 30 日，备受关注的南水北调中线北京段工程在永定河倒虹吸工地破土动工。北京段起点在房山拒马河，经房山区穿永定河，过丰台，沿西四环路北上，至终点团城湖，全长 80 公里。北京西四环路在建设时已为中线工程预留了位置。北京市海淀区船营村南，一段灰白色的明渠，伸向颐和园的西围墙。这就是团城湖明渠，它上接西四环倒虹吸出口闸，是京石段的最终段，也是中线总干渠的末段工程，全长 885 米。

1. 西四环暗涵工程

与北京西四环主路重叠的西四环暗涵，是南水北调北京段的最后控制性工程，也是整个南水北调中线的末端控制性工程，全长

▶ 北京西四环路繁忙的交通

▶ 完工的北京西四环暗涵工程

12.64 公里。这条“暗龙”潜行于 23 座立交桥下，穿过 8 个过街天桥的桩间和北京地铁 1 号线五棵松站，这是其中最关键的节点。对西四环暗涵施工最大的威胁是地面沉降。尤其对于西四环主路立

交来说，如果出现意外，立交路面可能出现塌陷，立交桥桩基可能沉降，这些都会导致西四环立交最终被毁。暗涵工程拱顶距五棵松地铁站结构底板距离仅有 3.67 米，稍有不慎就会影响地铁安全运营。为了避免施工引起这种风险，早在 2000 年工程论证时，就有人提出建设明渠。但北方冬季气温低，明渠送水容易结冰断流。同时明渠方案将面临大面积拆迁。

另外，使用明渠送水导致水体外露，不利于水质保护。而且，设计人员发现，如果两个立交桥墩间距达到 18 米，即使在立交桥底的地表下开挖暗涵，由此产生的沉降也是可控的。所以暗涵送水获得支持。2005 年 5 月 28 日，西四环暗涵工程开工，使用的是“浅埋暗挖法”。

浅埋暗挖法

北京市城区土层复杂，地下可能是建材垃圾，也可能是松软的其他土质。工程人员最后用浅埋暗挖法施工，就像“在松软的土坡上挖出了结实的窑洞”。所谓“浅埋暗挖法”，就是针对埋置深度较浅、松散不稳定的上层和软弱破碎岩层施工而提出的。为了不让松软的土质滑坡，需要首先确定窑洞形状，然后往地层中打入钢管，随后灌浆，这样开挖面就被固定。工程开挖时，施工人员用一个“大十字架”将“窑洞”上下左右隔成 4 块，然后按照先后顺序将“十字架”中的土从中挖出，“窑洞”就挖成了。因为“大十字”的固定，“窑洞”很稳固。

在西四环地下涵洞内，施工人员需要在涵洞上做衬砌以防止渗水，还要再做基面处理，铺设防水板，浇筑混凝土。2006年7月1日，西四环暗涵工程首次实现两标段贯通；两条各长200米的、穿越五

▶ 下穿五棵松地铁施工现场

棵松地铁的暗涵施工在2007年11月贯通；整个主体工程于2008年2月底完成。

2. 永定河倒虹吸工程

永定河倒虹吸位于永定河卢沟桥拦河闸下游3.9公里处，是北京段最重要的控制性工程。工程总长2518.79米，倒虹吸管身段2485米。管身段为四孔方涵，每孔尺寸3.8×3.8米。总干渠输水设计流量为50立方米/秒，加大流量60立方米/秒。工期25个月。其穿五环路的浅埋暗挖工程是施工技术难度较高的地下隐蔽工程，对地面的沉降量控制要求极其严格。至2007年年底，工程已基本完工。

▶ 倒虹吸工程完工后的永定河河床

2008年6月16日开始，南水北调中线北京段利用房山地区蓄积的雨水，实施试通水并对管道进行冲洗。7月1日起，经过过滤，冲洗管道的40万m^3弃水陆续输入到卢沟晓月湖，“卢沟晓月”的景观在时隔20年后终于重现。这可以说是南水北调带给北京的第一个看得见的好处。

北京段其他工程，有惠南庄泵站工程、惠南庄—大宁段工程、北拒马河暗渠等。惠南庄泵站工程位于房山区大石窝镇惠南庄村东，与河北省涿州市相邻，是京石段总干渠上唯一的一座大型加压泵站。按设计要求，水在PCCP管道里必须自己流动。除去依靠地势高低位差作为动力外，还要给管中的水加一把“推力”。惠南庄泵站就是要完成这个任务。当管中水的流速过低时，泵站通过加压完成前推水流。2010年长江水进京时，这座泵站泵房里安装的8台超大型水泵，推着长江水进入团城湖。

▶ 卢沟桥下碧波重现

另外，惠南庄—大宁段工程线路总长56.479公里，占北京段总干渠全长的70%。该段工程包括PCCP管道工程、隧洞工程和大宁调压池工程三项。输水干线接惠南庄泵站的出水管，终点至大宁水库副坝下新建的大宁调压池。北拒马河暗渠位于河北省涿州市西疃村和北京市房山区南河村及惠南庄村，横穿北拒马河中支及北支，总干渠长1781.05米，为中线总干渠进入北京的第一个单项工程，承担着防汛的重要任务。

▶ PCCP 管道

PCCP 管道

南水北调工程北京段有两条 PCCP 管道，计 56 公里（双排管）。每节 PCCP 标准管道长 5 米，内径 4 米，外径约 4.8 米，重约 70 吨。56 公里长的工程，将由 2 万多节 PCCP 管道连成。

PCCP 是“预应力钢筒混凝土管”的英文缩写。这种管材是在带钢筒的混凝土管芯上，环向缠绕预应力钢丝，最后在管外喷水泥砂浆保护层制成。PCCP 管道解决了一般混凝土管的渗水问题，可以承受很大压力，同时密封好，有很强抗渗性、耐久性。这种庞大的管道安装、运输不易。为此，生产制造企业专门设计了 3 种运输 PCCP 管道的车在工地上使用。北京段工程是继利比亚大人工河工程之后，国际上再次大规模使用 PCCP 管道的工程。

中线配套工程

配套工程是南水北调工程建设的重要组成部分，是南水北调工程如期发挥效益的根本保证。为及时把长江水调入受水地区，最大限度地发挥工程效益，必须在加快干线主体工程建设的同时，协调推进续建配套工程建设，确保同步发挥效益。配套工程，同步建设一个也不少。

▶ 北京市率先启动配套工程建设

2009 年 4 月 28 日，南水北调北京段市内配套工程开工启动仪式在北京团城湖明渠广场举行。大宁调蓄水库工程、南干渠工程列入北京市内配套工程的首批开工项目。

北京市内配套工程建设分三个阶段实施，主要包括建设团城湖至第九水厂输水管线、南干渠和东干渠等 84 公里的输水管线；建设大宁调蓄水库、团城湖调节池和亦庄调节池等调蓄工程，总调蓄库容约为 4000 万立方米；新建、扩建和改造郭公庄、丁家洼、黄村等 13 座水厂，供水总规模约 350 万吨 / 天；中心城区敷设 295 公里的配水管网及建设相应的监测调度、管理设施等项目。

北京市配套工程建设

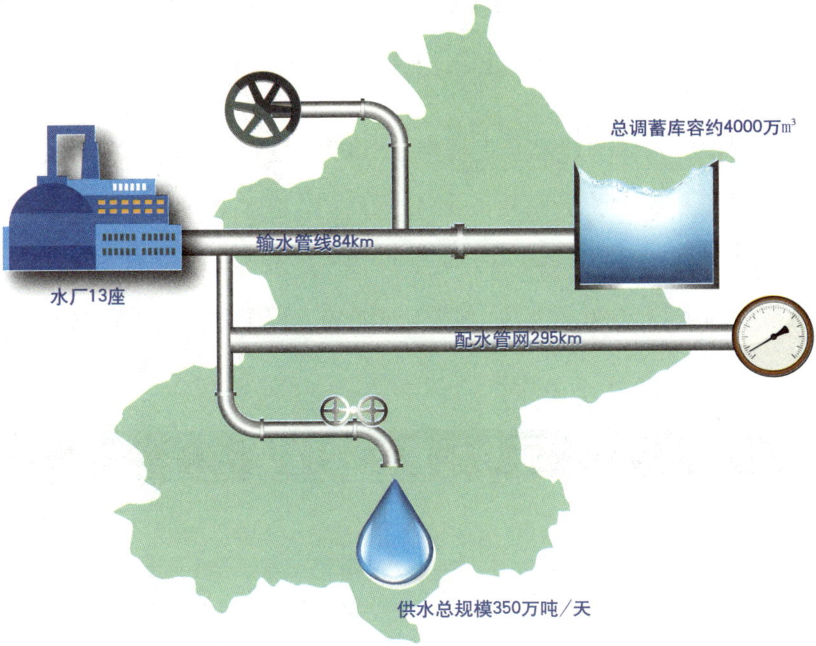

▶ 河北段首个配套工程廊涿干渠工程

2010 年 10 月 26 日，廊涿干渠工程在廊坊市九州镇开工建设。自此，河北省南水北调工作从以主体工程建设为重点，开始转向配套工程建设。

干渠总长度 80 公里，全线采用地埋钢筒混凝土管道输水，最大输水流量为 11 立方米 / 秒。工程概算总投资 17.6 亿元，建设工期 15 个月。廊涿干渠建成后至 2014 年长江水到来前，经由南水北调总干渠向廊坊市区应急供水，以缓解廊坊水资源紧缺的局面。

河南配套工程大规模展开

河南省鹤壁市南水北调配套工程2012年11月28日开工，这标志着南水北调中线工程在河南11个省辖市的相关配套工程已全部开工，全省南水北调配套工程进入大规模建设阶段。

河南省南水北调配套工程全长1000公里，概算总投资150亿元，其主要任务是通过总干渠39座分水口门，向省内的11个省辖市市区、34个县（市区）提供生活、生产用水，全年引水量37.69亿m³，直接受益人口2000多万人。按要求，配套工程于2013年底基本建成。

河南配套工程建设

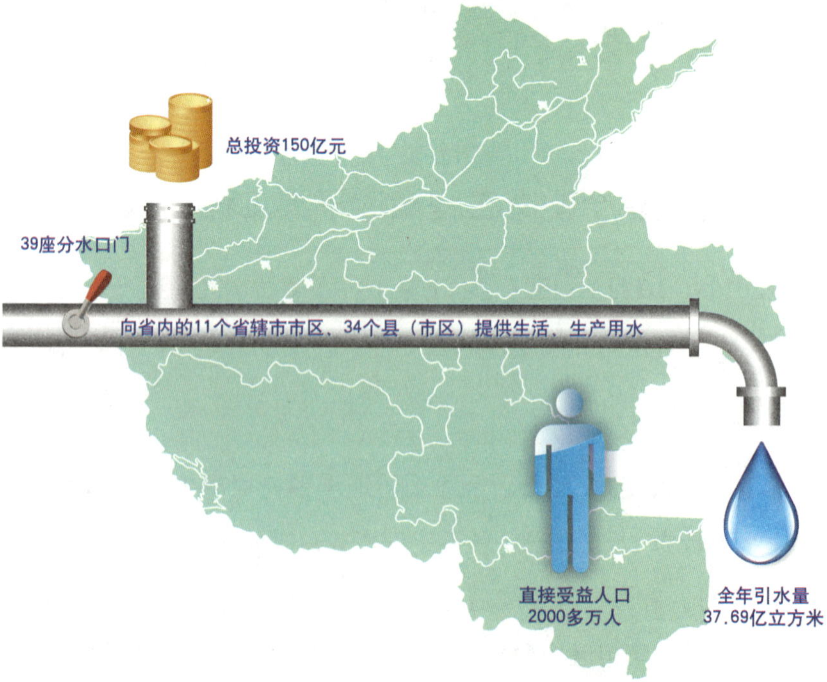

山东启动配套工程建设

2012 年 7 月 26 日，南水北调东线山东段首个续建配套工程在山东淄博市开工建设，山东段续建配套工程进入施工建设阶段。

山东省续建配套工程规划总投资 253.2 亿元，共有 41 个供水单元工程，分 2 批实施，第一批 18 个供水单元工程 2012 年全部开工建设，2013 年底前完成建设任务，与主体工程同时通水；第二批 23 个供水单元工程 2015 年底前全面建成。

山东配套工程建设

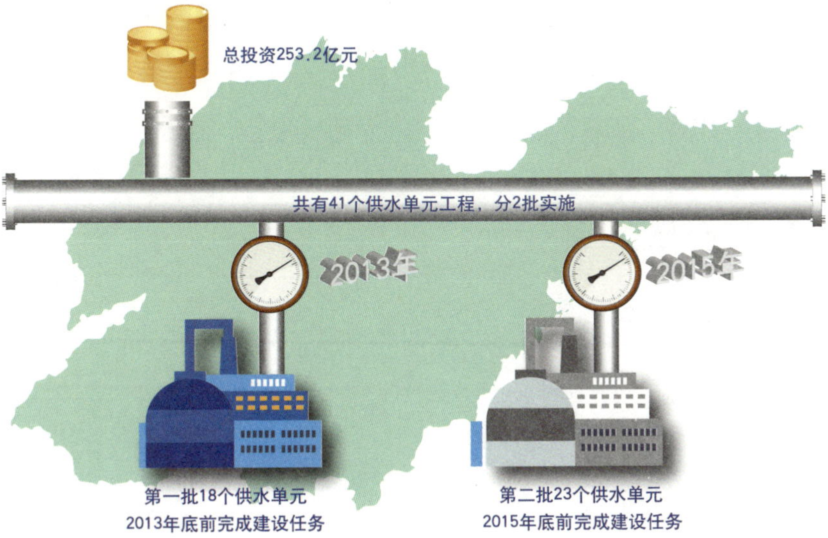

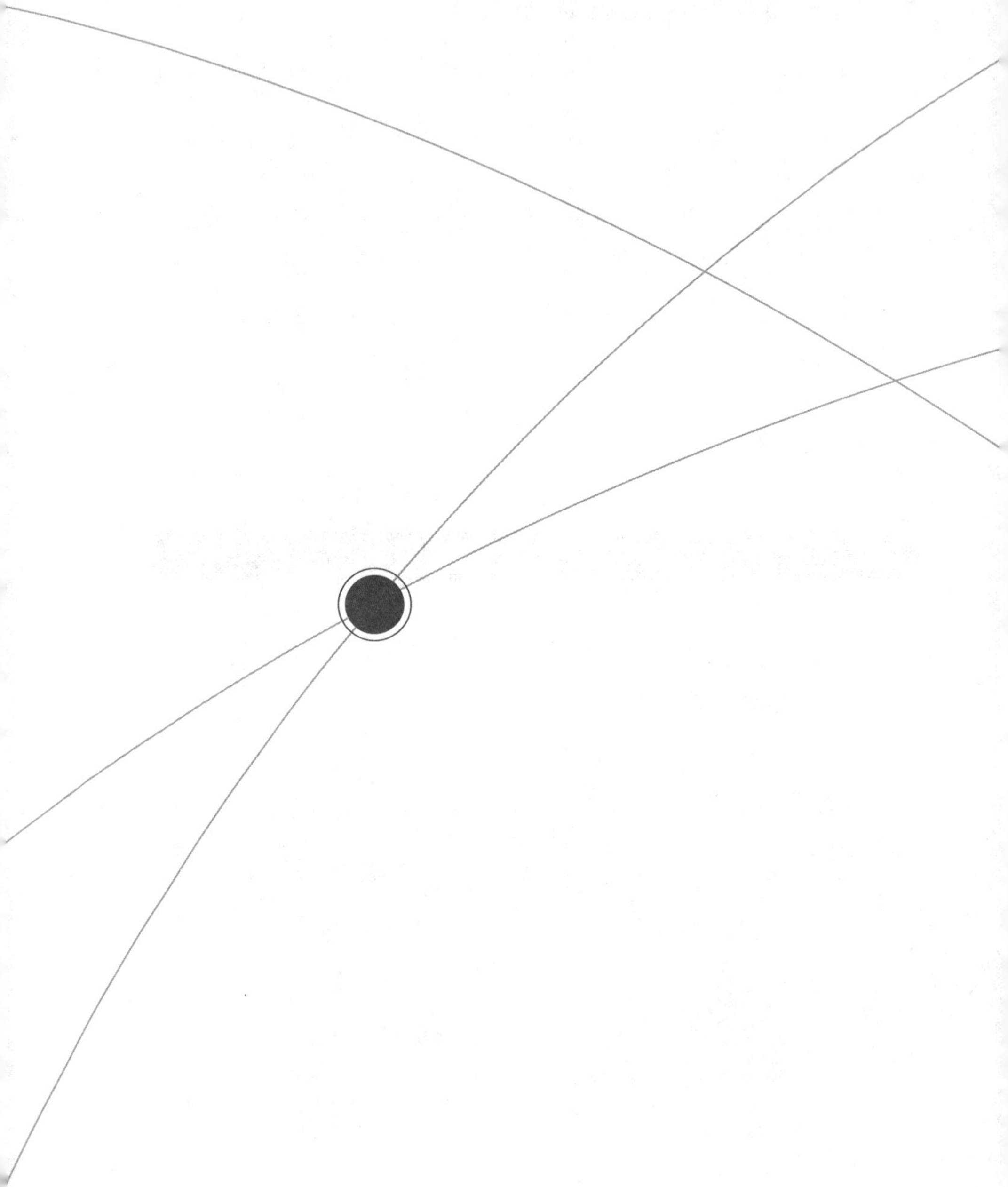

4

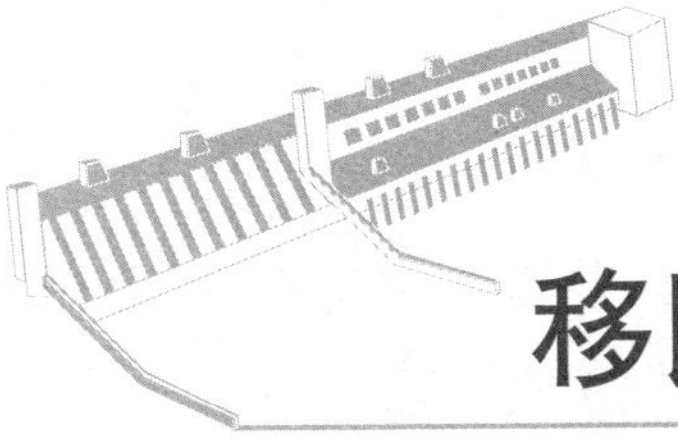

移民搬迁：

“天下第一难”的壮举

水利水电工程移民是个世界性难题，短时间完成大批量的人群迁徙，南水北调工程移民在世界水利移民史上绝无仅有。

南水北调工程关键在中线，中线成败在移民。移民成为“天下第一难”，是“天字号”工程。

茫茫九派流中国，沉沉一线穿南北。南水北调工程的移民搬迁强度，超过了三峡工程。

中线工程丹江口库区移民充分借鉴三峡移民经验，创新思路，努力攻坚，克服了工作强度大、安置地选择难、移民房屋建设难、增加收入难等一系列问题，高标准建设了一大批移民新村，顺利完成了 33 万移民大搬迁，及时跟进了移民后续发展工作，被国务院南水北调办誉为创造了世界水利水电移民史上的一个奇迹，将永载史册。目前库区移民生产生活基本恢复，思想情绪稳定，逐步融入当地社会。

奇迹！湖北省 3 年内完成移民 18 万人，河南省完成移民 16 万人，安置强度国内少有！

南水北调丹江口库区移民搬迁受到整个社会乃至世界的关注，几十万移民的生存状态已经成为检验南水北调工程是否成功的试金石。对丹江口库区移民这个特殊群体，无论移民政策制定者还是政策执行者，都寻找到了为民、富民、安民之策。

“天下第一难”，是如何嬗变成壮举的？

中线33万移民的迁徙之路

南水北调丹江口水库移民，是中国水利建设史上继三峡工程之后最大的移民迁安工程。

2011年2月，继三峡大移民后，中国另一大移民工程——南水北调丹江口库区移民搬迁开始。

这是南水北调东中西3条线路的中线工程。该工程于2003年开建。长江最大支流汉江上的丹江口库区是其水源地，库区移民迁安成为工程的重要组成部分。

为保证丹江口水库具备足够的容量和水面高度，保证库水自流入京，从2005年开始加高南水北调中线工程的丹江口水库大坝，由原来的162米加高到176.6米，水位从157米提高到170米，总库容达到290.5亿m^3。为此，丹江口水库上游地区淹没面积达到144平方公里，整个中线库区移民34.6万人，其中河南省16.4万人、湖北省18.2万人。

“都说饮水思源，希望北京人将来喝上淹没我们家园的丹江口水库里边的水时，能发自内心地说一句，感谢。”搬迁农民王宗银操着浓重的河南口音，眼泛泪光地看着自已经拆得一片狼藉的院子。

王宗银，今年50岁，家里有十口人，原来住在山上的十多间房子，这次他们全家要搬迁到邓州市，当地政府给他们家盖了三层的小楼房。这是他第二次为水库搬迁，上一次是 1970 年，水库首次加高时，他们从山下搬迁到山上。

以下是一位记者采访他时的对话。

记者：您看过自己新的房子了吗？满意吗？

王宗银：看过了，满意，干净，大，新，亮堂。

记者：明天就要到新家了，有什么还没弄完吗？对新家有什么担心？

王宗银：基本都搬了，就剩十多只鸡。牛和羊已经处理掉了，那边不能养。鸡我要在那边做个笼子，在院里接着养。担心就是不会用那个煤气罐，我们准备在院子搭个灶台，还是烧火做饭。

记者：那边还有土地吗，能接着种庄稼吗？

王宗银：还有地，一人一亩四左右，跟现在差不多，但是我儿子他们这些年轻人都在外边打工，基本不种地，还是我们老两口种。老伴现有也想搬到新家后打工去，地里的活我一个人就能干。

记者：还有什么事情没干吗？

王宗银：明天要放鞭炮，我们这儿有个传统，离开故土要和死去的人放鞭炮告别。明天我得跟我父母告别，放完鞭炮就走了。

记者：这里您住了多久？

王宗银：我们家世世代代就在这里，有几辈人了，舍不得呀。

从2009年开始的3年里，湖北、河南两省举全社会之力推进移民搬迁安置工作，两省累计投入约10万名干部，动用搬迁车辆6万台次，组织搬迁500多批次，新建移民点600多个，建房近10万户1300万平方米，调整生产安置用地数十万亩。湖北省移民局有关负责人说，相比三峡工程17年搬迁安置127万人，南水北调移民搬迁数量之多、强度之大、速度之快，不仅创造了中国水库移民史奇迹，在世界移民史上也写下了浓墨重彩的一笔。

移民搬迁

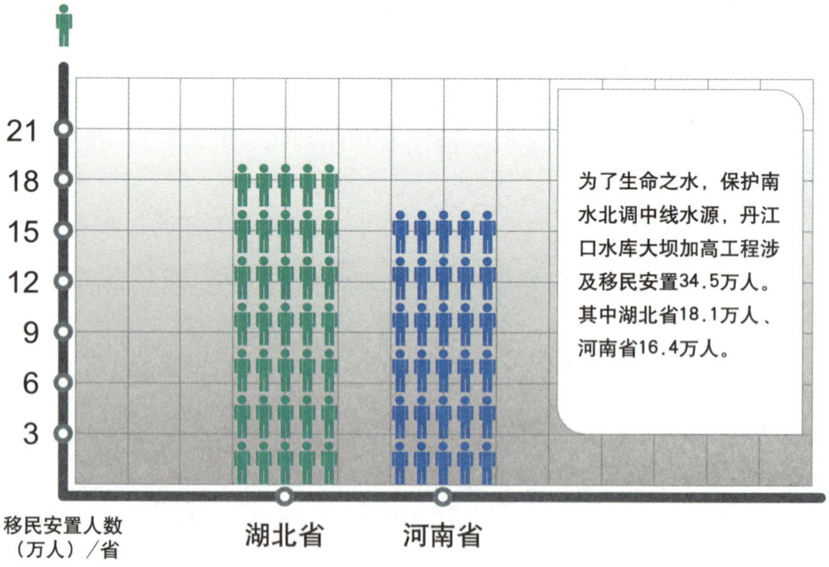

难题：移民前面临三大冲突

三峡工程农村移民 37 万人，搬迁用了 17 年；小浪底工程移民 14.6 万人，搬迁用了 11 年。南水北调中线需要 2 年完成移民 18 万多人，任务难度之大、强度之高，中国水利移民史上前所未有。

南水北调移民面临三大冲突：一是文化冲突。丹江口水库大坝位于湖北省丹江口市，始建于 1958 年，建成于 1973 年。兴建丹江口水库远景是南水北调，近期是根治汉江蓄洪灌溉。丹江口水库拦截了流淌几千年的 800 里丹江，淹没了厚重的丹江文化，其中淅川县 100 多公里，淹没淅川县境内的楚都和联系华东、华南的"黄金航道"。但丹江文化一直影响着世世代代丹江人，"宁要故乡一撮土，不要他乡万两金"、"金窝银窝不如自己的狗窝"，文化情结割舍不断。

二是历史影响。水利工程与移民相伴而生、纠缠不清。丹江口水库淹没河南淅川县 365.6 平方公里，其中县城 1 座、乡镇 16 个、各类水利设施 2673 处，各项淹没损失折当时价 7.4 亿元。淅川县丹江口库区移民动迁始于 1959 年，结束于 1978 年，历时 20 年，期间进行过 6 次大规模反复搬迁，先后搬迁 20.2 万人，不少人一生搬了 6 次家，"一搬三年穷"，移民做出了重大牺牲。

三是与现实的矛盾。移民与安置地居民争土地、争资源的矛盾十分突出，且与家庭联产承包责任田的调整政策规定冲突；约几百万平方米移民村移民房屋建设，短时间、远距离靠移民在2年多的时间内自行完成，几乎不可能；把移民从近千平方公里数百个沟沟汊汊集中起来、转移出去，做到不伤、不亡、不漏、不掉一人，靠移民自主搬迁、按时完成搬迁安置的可能近乎于零；大多数移民生产生活方式面临田园牧歌、自给自足、畜耕时代向农业现代化、社区化生活转变，形成巨大反差，在与安置地社会融合、产业结构调整、收入提高、就业等方面存在一系列后续发展稳定问题；加之现在仍实行的是“前期补偿补助、后期扶持”的移民政策，因移民补偿补助低、细、碎、多、不同行业征迁补偿补助标准不一等引起的社会稳定问题成为一个恶性循环，加大了移民与地方政府的误解、隔阂乃至冲突，一个微小问题处置不当不及时就可能引起群体性事件。

▶ 早上5点，村民们排队登上开往新家的移民大客车

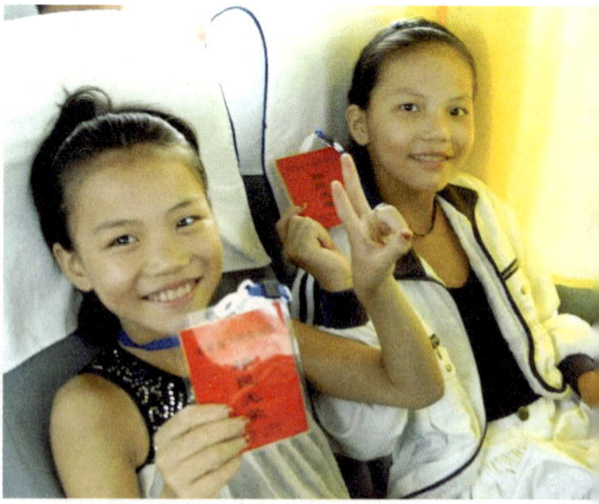

▶ 一对移民小姐妹在车上展示自己的移民证

创新：征地移民管理新模式

丹江口库区移民坚持开发性移民方针，采取前期补偿、补助与后期扶持相结合的办法，实现搬得出、稳得住、逐步能发展，使移民生活水平达到或超过原有水平。

2005 年 4 月，《南水北调工程建设征地补偿和移民安置暂行办法》出台。这是中国继三峡工程以后，专门对水利工程移民搬迁制订的补偿管理办法。

《南水北调工程建设征地补偿和移民安置暂行办法》明确征地移民实行建委会领导，省级政府负责，县为基础，项目法人负责的管理体制。坚持以大农业安置为主，对征地移民落实安置必要的土地等农业生产资料，但不排斥非农业安置，对城市拆迁涉及的搬迁人口确保搬迁后原有的职业和生活来源不受影响，城市郊区被征地农民，已经不能靠农业为生

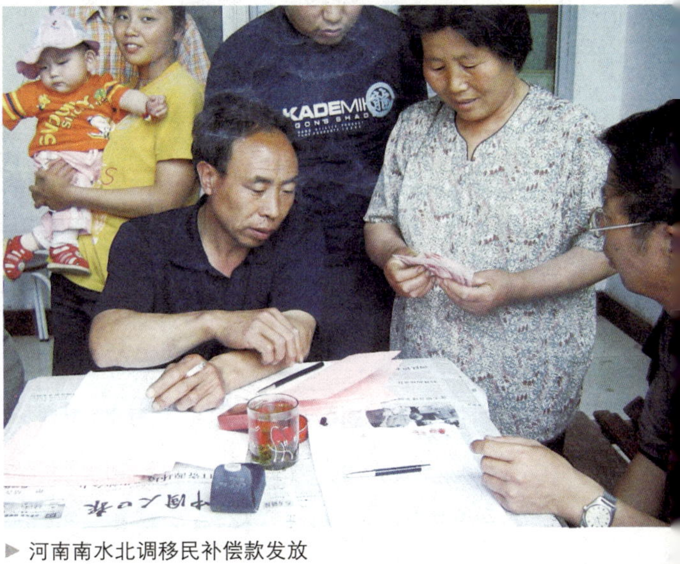

▶ 河南南水北调移民补偿款发放

或者不愿意以农业方式安置，地方政府可以采取多种渠道安置他们。

“移民搬迁的目的，不仅仅限于搬出去，更重要的是要使移民‘稳得住、能发展、可致富’”，这是大家的共识。以前水利工程的土地补偿，标准是补给当地前3年平均产值的5倍到6倍，后来增加到10倍。而从南水北调工程开始就把它提高到16倍。同时，

▶ 建设中的水源新村

针对库区移民状况研究优惠和扶持政策，按人均补足24平方米进行建房差额补助；将移民新村建设与新农村建设相结合，将被征迁群众生产生活安置与当地社会经济建设相结合，多渠道安排资金，

协调地方在供水、供电、交通、医疗、教育等方面出台扶持政策，使移民群众早日融入当地社会。

在移民征迁方面，努力实现文明搬迁、平安搬迁、和谐搬迁，确保不出现大的群体性事件。落实移民扶持政策，开展后续帮扶工作，切实解决移民搬迁后的生产生活问题，真正实现移民群众搬得出、稳得住、能致富。

河南省新郑市薛店镇观沟移民新村村口悬挂着一副长长的对联：“舍小家顾大家为万家同分国忧泽后世；别旧居建新居迁福居共颂党恩唱和谐。”崭新的房屋，整齐的街道，宽敞的文化广场，一个配套齐全、充满活力的社会主义新农村展现在世人面前。

在南水北调丹江口库区移民搬迁过程中，各地把移民搬迁与新农村建设相结合，高起点规划，高标准设计，努力把移民新村建设成为社会主义新农村的示范村。

搬迁前库区移民住房大多数是土木房、土坯房，搬迁后基本都是砖混结构房屋；户户通上了水泥路、自来水、电话和有线电视，多数安置点建成了村级活动室和水泥球场，并安装了健身器材……移民群众真正实现了一代人建设、三代人居住的梦想。

发展：移民后的村社会管理

▶ 江苏的移民小区

南水北调丹江口库区移民搬迁后，居住集中，新村基础设施和公益设施完善，但经济基础薄弱，社会管理滞后，不稳定因素较多，移民安稳致富任重道远。为逐步提高移民村社会管理水平，促进经济发展和社会稳定，河南省在移民村实施社会管理创新工作，受到基层干部群众普遍欢迎，在首批 17 个试点村的基础上，在全省 208 个南水北调丹江口库区移民村全面推广。

移民村社会管理创新主要包含三方面：一是村务民主管理创新。在村“两委”（村党支部、村委会）领导下，建立民主议事会、民主监事会、民事调解委员会，加强基层民主建设。

二是经济组织管理创新。引导各移民村因地制宜成立工业公司、农业公司、专业合作社和专业协会等经济组织，实施产业化经营和市场化管理，在移民的产、供、销方面发挥龙头作用。同时，整合移民后期项目扶持资金、生产发展奖补资金和各种支农惠农资金等，打造一批种植、养殖、加工等发展项目，发展壮大村级集体经济，增强带富能力。

三是公共服务管理创新。在各移民村逐步成立物业公司，市场化运作，管理费用通过集体经济收益、收取公共服务费、地方政府补助、社会捐资等渠道解决，提供基础设施和公益设施养护、公共卫生保洁、垃圾清运、污水处理、水费收缴、村容村貌整治、安全保卫等公共服务，实现移民村有序管理、长效运行。

移民村社会管理创新成效显著。一是经济取得快速发展。首批 17 个试点村各村拥有主导产业，移民群众年均收入已由搬迁前的 4000 多元增加到 6816 元，部分达 8000 多元。二是社会管理得到加强。移民村各项公共事务逐渐有了“主心骨”，公共服务质量明显提升。

三是干群关系日益密切，社会大局和谐稳定。移民群众广泛参与村务决策、管理与监督，各种不和谐因素逐步减少，各类矛盾纠纷得到及时化解。2012 年以来，首批 17 个试点村没有出现一起上访事件。

▶ 希望的田野——新郑市移民农场

精神：现代社会背景下的"精神史诗"

丹江口库区移民的和谐搬迁、顺利安置，体现了移民群众舍小家、为大家、远迁异乡、重建家园的爱国精神，也体现了中国政府关注民生、精心组织、团结协作、全力保障南水北调工程的惊人执行力，堪称现代社会背景下的"精神史诗"。

2013 年 8 月初，国务院南水北调办副主任于幼军在接受《中国新闻周刊》记者采访时表示，将把南水北调移民名单刻在纪念碑上。

这是一个全世界最大的调水工程，它最后留下的不仅仅是物质遗产，肯定也是一笔精神的遗产。为移民立碑，全部移民的名单刻在花岗石上，也体现了一种精神象征。

5

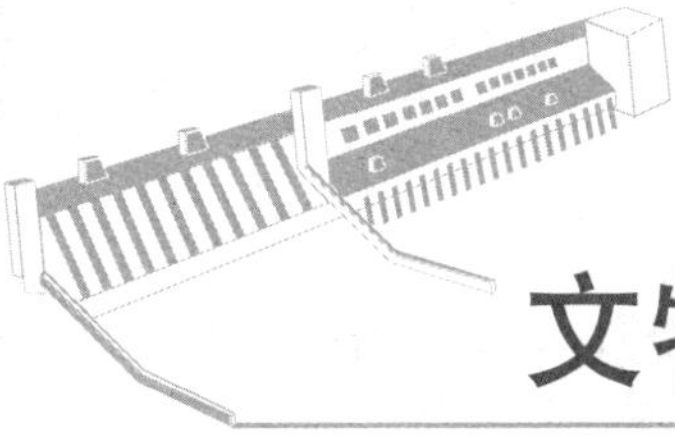

文物保护：

未雨绸缪的前瞻行动

这是世界迄今最大的水利工程。这也是史无前例的文物保护工程。南水北调是中国一项水资源合理配置的重大战略工程，关乎生态环境、国计民生。而中、东线工程纵贯华夏文明心腹地区，沿线的文物保护攸关民族文化存续，同样是国之大事。

南水北调工程对沿线历史文化遗产影响深巨。特别是中线工程输水干线全长 1427 公里，东线输水干线全长 1446 公里，涉及湖北、河南、河北、江苏、山东、北京、天津七省市，连接着夏商文化、荆楚文化、燕赵文化、齐鲁文化等中国历史上重要的文化区域，是中国古代文化遗存分布密集的地区。这些地方自古就是人口稠密、经济发达、文化底蕴深厚的地区。这些区域作为华夏文明重要的地带，中国古代文化相互交流、碰撞、融合的痕迹在此有历史性的记录，它是探索研究人类起源、发展以及中华文明形成等重大课题的关键区域之一，具有十分重要的科学、历史、文化价值。

文物保护，刻不容缓。

概况：文物保护达900多处

南水北调工程穿越了华夏文明的脉搏，它经过区域的文物可以串成一部厚重的华夏文明编年史。

中线工程的源头丹江口地区是楚汉文化、荆楚文化地区，进入河南是夏商文化地区，再入河北就到了燕赵文化地区，最后途经周口店遗址进入北京市区；东线工程则涉及大运河文化和齐鲁文化。

沿线文物保护单位包括人类历史上最伟大的水利工程之一的大运河、世界文化遗产武当山遇真宫、淅川下王岗遗址等各类古遗址及古墓葬等，级别甚高、价值巨大、数量众多。随着东线、中线工程的相继启动深入，文物保护工作也紧锣密鼓地展开。由全国政协委员、文物专家、水利专家等组成的联合调查组2004年赴工程沿线的山东、江苏、湖北、河南等省，考察工程建设的文物保护情况，寻找破解中国最大的基本建设工程与中国最大的文物保护工程之间矛盾的良方。

2004年8月，《南水北调东、中线一期工程文物保护专题报告工作大纲》由水利部审定。

2004年9月下旬，南水北调中线工程文物保护规划工作正式启动。

抢救：启动联合保护行动

中国高度重视基本建设工程中的文物保护，要求在建设项目实施前，必须由文物部门进行普查，建设项目要尽量避开已探明的不可移动文物。对基本建设项目必须经过的区域，如发现不可移动文物，须由文物部门确定进行原地保护还是配合建设项目进行抢救性发掘。

▶ 文物保护前期工作迅速展开

2003年，水利部经商国务院南水北调办、国家文物局，就加快南水北调工程文物保护前期工作做出部署。一是高度重视南水北调工程文物保护工作，充分认识文物保护专题报告编制工作的重要性和紧迫性；二是规范、有序地开展文物保护专题编制工作、落实工作责任，确保编制工作的进度和质量、各地负责南水北调前期工作的部门要与文物部门加强协作，密切配合，保证文物保护前期工作顺利进行；三是丹江口水库文物专题报告要在2004年10月底前完成，东中线一期工程文物保护专题报告在2004年11月底期完成；四是水利部将与有关部门协商，组建南水北调工程文物保护前期工作专家组，对有关南水北调工程文物保护前期工作中的重大问题进行技术指导和质量把关。

南水北调工程所经 7 个省市，各级地方政府对文物保护工作重视力度都胜过以往。在山东，聊城古城环境得到全面整治，原来的护城河与东昌湖连为一体，使古城四面环水，碧柳拂岸，成为名副

▶ 丹江口库区均县镇文物发掘现场

其实的江北水城；城内光岳楼巍然矗立，古运河旁的全国重点文物保护单位山陕会馆和运河码头也都经修缮而焕然一新。曲阜的世界文化遗产孔府、孔庙、孔林，邹城的全国重点文物保护单位孟庙和铁山摩崖石刻等也都得到了较好的保护。

在江苏，宿迁的全国重点文物保护单位龙王庙行宫流丹溢彩。淮安的清代淮安府署重经修缮，明清总督漕运府署遗址已进行清理，并建成大门围墙。高邮的全国重点文物保护单位盂城驿和文游台也都保存完好。扬州新腾清并修缮了汪氏小苑、个园居住区和吴道台府邸，并对外开放，为这座历史文化名城增添了绚丽光彩。

在湖北，丹江口的净乐宫复建一期工程已具规模，石坊、龙虎殿、大殿、父母殿、御碑亭已建成，巨丽壮观，这座当年武当山八宫之首的最大建筑群不久将重现世间。

南水北调工程涉及的各省市县文物部门主动开展工作，对所在地受影响的文物展开调查、核实和评估，提出保护方案和投资概算。在没有专项经费的条件下，山东、湖北二省文物部门还分别垫付经费对面临被盗威胁和淹没区内暴露的文物进行了抢救性发掘，如山东寿光双王城制盐遗址群、丹江口熊家庄遗址、郧县中学汉代墓群等。

▶ 国家投入10亿元保护文物

2005年11月16日，南水北调中东线工程控制性文物保护方案获国家批准，国家投入10亿元文物保护经费。

南水北调工程东、中线控制性文物保护方案是针对工程建设实际，对保护工作量大、保护方案复杂、实施时间较长的控制性文物保护项目，在国家批准南水北调东、中线一期工程各单项工程初步设计之前，先行确定和实施的文物保护项目。

▶ 文物保护实施“多学科考古”

“南水北调中线工程的文物保护工作从开始规划时就强调气象

学、环境学、建筑学、遥感、物探等多学科参与，能够极大地丰富古代文化遗存的信息量，避免传统的单纯的考古造成的大量历史信息丢失，如当时气候、周围环境、自然资源、岩石土壤等相关信息。”湖北省考古所副所长李桃元这样说道。

在以往的考古实践中，文物考古工作者的注意力往往集中在文物古迹本身，而忽略了文化遗存形成发展的外部环境。在南水北调考古中，遥感考古、生物遗传学考古、音乐考古纷纷出现，多学科参与文物考古成为趋势，并取得了显著成效。在《南水北调中线工程丹江口水库淹没区湖北省文物保护规划》上，“旧石器时代以来汉水中游地区环境变迁”“丹江口库区文物管理信息系统”“重要遗迹遗物的保护技术研究”等被作为预先设置的课题提了出来。各种科技手段的应用，有利于促进文物管理与研究的现代化。

▶ 国家文物局专家组在丹江口库区马岭遗址深入指导田野发掘工作

成果：保护文物抢回文明

南水北调工程要途经重要文物区，谁给谁让路？这是一道难题。按照《文物法》有关规定，施工应尽可能避开不可移动文物，以减轻对文物的破坏。

在中线选线论证阶段，特意绕开河南安阳殷墟、郑韩故城及河北邯郸赵王城、赵王陵等国家级文物保护单位和北平皋遗址、山阳城、讲武城等省级文物保护单位。

在工程实施过程中，东线发现陈庄西周城址，渠道为之改线。工程建设为重要文物“让路”“改线”，体现出对历史文化负责，对子孙后代负责，对国家和人民负责，成为现代工程尊重文化、保护遗址的典范。

▶ 打开一部天然“地书”

河南省是南水北调东线、中线工程沿线各省、直辖市中线路最长、文物点最多、文物保护工作量最大的省份，共涉及地下、地上文物点 330 处，占南水北调东线工程文物保护工作量的一半以上，占南水北调中线工程文物保护工作量的三分之二以上。

▶ 南水北调工程河南段鹤壁淇县铁西区杨庄村墓地发掘现场

▶ 河南郏县黑庙墓群发掘的东汉画像石墓

借助南水北调中线工程，河南启动了有史以来最大规模的抢救性考古发掘工作，打开了一部天然“地书”，一条融汇中华文明各个历史发展时期的文明锦带被完整地揭示出来。

自2005年以来，来自全国各省、直辖市和河南省内的近50家文物保护科研院（所）、高等院校和河南地方文物工作队的200余支考古发掘队伍，数万人参加了这场声势浩大的文物保护工作。

▶ 焦作段巡护出土的七层彩绘连阁陶仓楼

▶ 安阳固岸墓地文物

▶ 安阳韩琦墓墓室．韩琦（1008—1075年），相州安阳人，北宋三朝宰相，著名政治家

至2012年6月，河南省完成考古发掘面积超过80万平方米，出土文物9万余件（组），取得了令人瞩目的考古成果。据估算，南水北调中线工程全线发掘后，河南全省出土文物将超过10万件。这些文物具有重要的历史价值、文物价值、艺术价值和科学价值。

▶ 新郑铁岭墓地出土的战国铜鼎

▶ 荥阳后真村唐墓出土器物

▶ 荥阳官庄遗址发掘区全景

新的科技手段更加广泛地运用于各个文物保护环节之中。保护的对象也不仅仅是文物，更大范围地扩展至包涵历史文化信息的各类古代遗存。如对出土的人骨、兽骨进行性别、年龄、病理以及DNA等方面的鉴定和分析；对出土的植物进行孢粉分析；对地形地貌按照国家地理信息标准进行测绘；对旧石器遗址进行热释光、地磁测试分析等，使文物保护工作真正成为一个跨越自然科学和社会科学的多学科合作大舞台。

▶ 湖北省：武当山遇真宫保护首当其冲

▶ 武当春色

武当山遇真宫是世界文化遗产武当山建筑群的重要组成部分，是全国重点文物保护单位。

湖北省主要采用搬迁、复建、登记建档三种保护方式，其中搬迁复建项目11处，另对属于丹江口水库初期工程范围的武当山净乐宫搬迁的部分建筑构件采取复建的方式加以保护。

郧县青龙山恐龙蛋化石群是迄今世界上恐龙蛋化石种类最多、分布最集中、数量最多、保存最完整、规模最大的化石群落

湖北省郧县大成殿

2005年底，湖北省文物考古研究所对遇真宫进行了9000平方米的考古清理和重点部位的解剖，对遇真宫宫墙内的西宫区域进行发掘，比较完整地揭示出西宫的建筑遗迹，发现有房址、影壁、水井、道路、排水沟、院落等遗迹，出土了一批珍贵文物，基本明确了西宫建筑的布局、特点与内容，第一次全面揭露了遇真宫明代建筑的总体布局。

据不完全统计，截止到2007年1月底，湖北省南水北调工程考古发掘项目共完成勘探面积372.72万平方米，发掘面积7.2563万平方米，共发掘清理了房屋、灰坑、墓葬、窑、灶等遗迹2838处，

汉江边的辽瓦店子考古工地一片繁忙

获得陶、瓷、铜、玉、骨、石等不同时代、不同质地的文物9584件，取得了丰硕的成果。

▶ 避让多处文物点，文物考古满载而归

这里有一个鲜为人知的故事。

济南引黄济青段工程划分为4个单元工程。在2009年下半年考古勘探过程中，省考古研究所发现了高青陈庄遗址，文物部门判定为西周早中期城址。对于这一重要遗址，到底原地保护还是发掘后转移为好，建设、文物单位在内部进行了多次讨论，惊动了很多考古专家赶到当地进行实地勘察，包括北京大学博导、曾任国家“夏商周断代工程”项目首席科学家的李伯谦教授在内的权威专家在勘察后，建议进行原地保护为好。

为保证南水北调工期，国务院南水北调办在是否原址保护尚无定论情况下，将明渠段输水工程中的高青陈庄遗址影响段划出作为一个独立的设计单元，而其他几个设计单元，先行批复开工建设。

此后，工程建设、文物部门以及当地政府经过大量测量、工程设计和移民调查等工作，提出了多套方案，其中对5个比选方案进行了详细初步设计，经对方案进行多次优化，最后确定了绕村明渠输水方案。原方案线路为11.305公里，现方案则为13.225公里，原方案设计投资为15074万元，现方案为30047万元，这多出的将近2公里，多花了将近1.5个亿。

实际上这并非南水北调东线山东段第一次为文物“让道”，山东段建设过程中曾多次调整设计方案，避让了 20 多处文物点。

作为一项重要的单元工程，东线山东段考古工作中最重要的田野发掘工作 2011 年基本完成，可用满载而归来形容。山东在南水北调调水沿线共考古勘探 220 多万平方米，涉及地下文物点 60 多个，地上文物点 5 处，发掘 30 多个文物点，发掘面积 9 万平方米，发现大量珍贵文物、遗迹等。很多发现均在国内外考古界引发不小的震动，填补了多项空白。在南水北调第二批控制性文物保护项目中，寿光市双王城水库盐业遗址和高青县陈庄遗址，分别获得国家文物局 2008 年和 2009 年全国考古十大发现称号。

未来：再现古文化的历史面貌

河南省南水北调工程已出土文物 4.3 万余件，为做好出土文物的陈列和利用工作，河南省目前正筹建南水北调博物馆。

河南省建设的南水北调博物馆主要是为收藏、展示、研究南水北调中线工程河南省境内出土文物而兴建的一座专题博物馆，规划建筑面积 36800 平方米，分为历史文化区和工程展示体验区。博物馆在妥善保管文物的同时，还将成为中原文化遗产与人类环境物证的公益性文化教育机构。

2011 年 8 月，历时 5 年之久的南水北调河北段田野考察结束，为了全面展示河北省文物保护工作的硕果，河北省文物局、河北省南水北调工程建设委员会办公室主办《河北省南水北调工程文物保护成果展》在河北省博物馆隆重开幕。

此展览分“工作概述”和“主要成果”两大部分。前者介绍河北省南水北调工程文物保护工作的总体情况；后者用新石器时期、先商文化、商代遗址、汉代墓葬、战国和汉代铁器、壁画墓的揭取及搬迁保护等 13 个专题，展示河北省南水北调工程文物保护中的重要发现，体现这些文物遗存的历史、科学、研究价值，以及文物部门所采取的保护措施。

自河北省博物馆推出《河北省南水北调工程文物保护成果展》以来，展出的 500 余件文物、200 多幅图片及景观模型，展示了南水北调工程河北段文物保护工作的丰硕成果，吸引社会各届前来参观，接待观众达 6 万余人次。

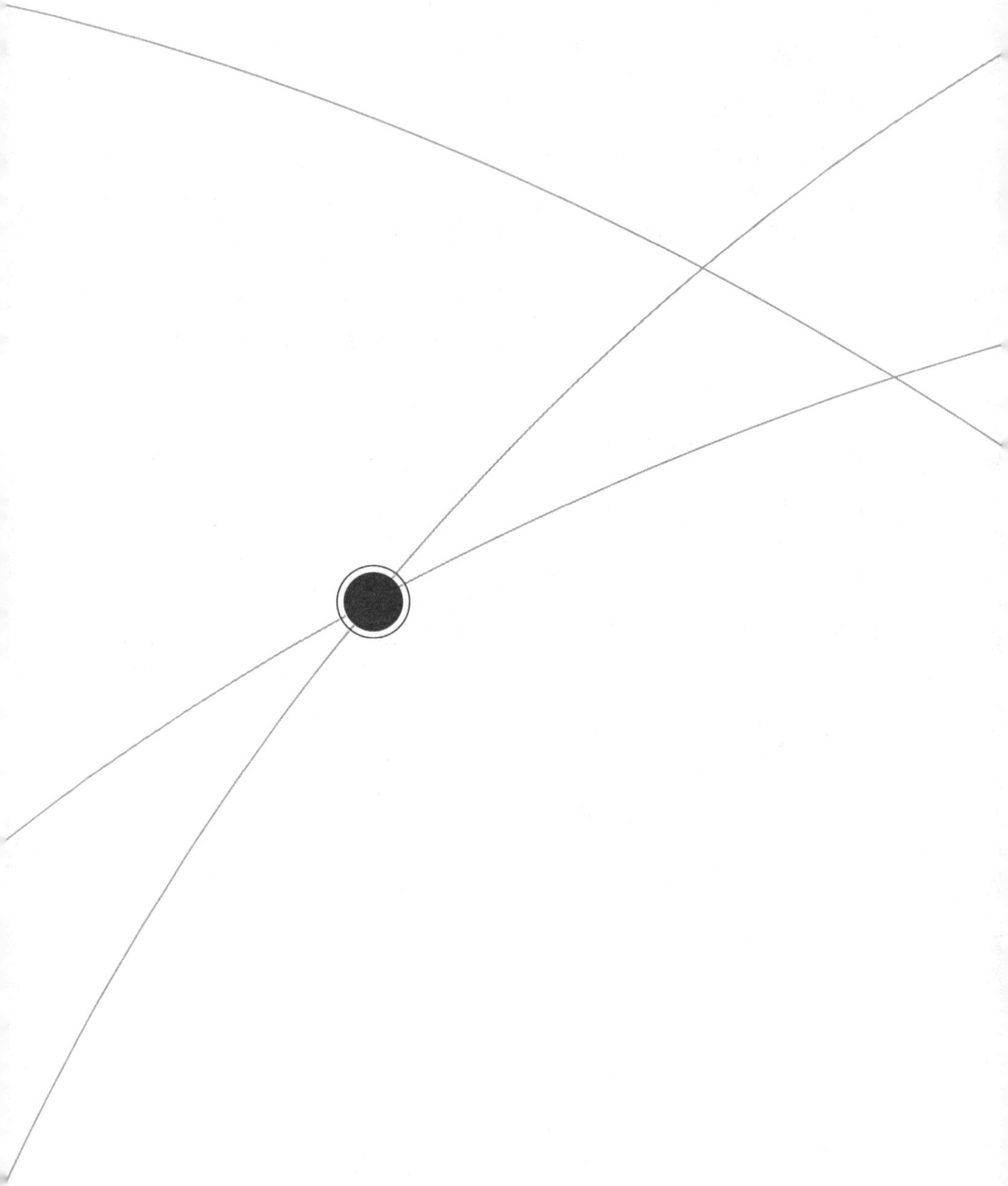

6

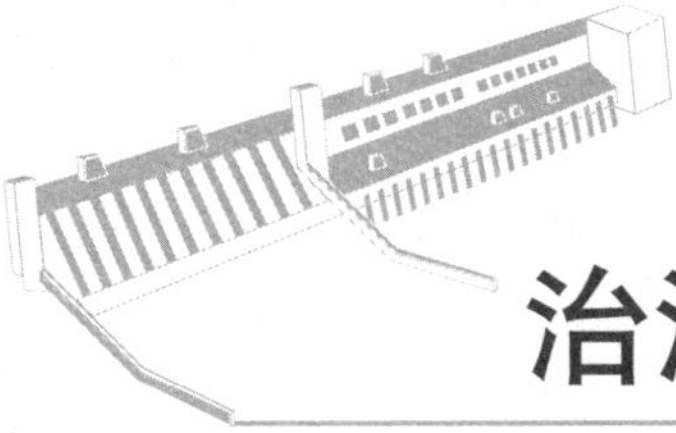

治污：10 年生态综合治理

2012 年 7 月的南四湖，湖面碧波荡漾，水边芦苇丛生，船桨划过水面泛起洁白的浪花，不远处几个渔民在撒网捕鱼。难以想象，10 年前的南四湖，还是水草不生、鱼虾绝迹的“死湖”。南四湖治污是东线治污的一个缩影。

10 年攻坚，东线治污实现了流域治污的圆满收官：沿线河流 COD（化学需氧量）平均浓度下降 85% 以上，氨氮平均浓度下降 92%，水质达标率从 3% 提高到 89%。最新监测显示，南水北调东线输水干线水质基本达到III类标准。

南四湖水质清澈

东线治污创奇迹

经过江苏、山东两省的 10 年拼搏，目前，东线治污规划确定的 426 个项目已全部建成，36 个考核断面已有 35 个水质达标，达标率 97%，输水干线水质基本达到地表水Ⅲ类标准。截至 2012 年 10 月底，江苏省境内 14 个控制断面全部达到地表水Ⅲ类标准。

大运河宿迁段湿地保护

东线通水，治污是关键

南水北调东线地处经济较发达的东部地区，工程主要利用现有的京杭运河输水和湖泊调蓄。长期以来，这些河道和湖泊水污染相当严重，水污染防治工作关系到南水北调东线工程的成败。

“50 年代淘米洗菜，60 年代洗衣灌溉，70 年代水质变坏，80 年代鱼虾绝代，90 年代身心受害。” 这是前些年流行在东线工程途经的南四湖流域的民间歌谣，然而，这确实是南水北调工程开工前的形象描述。

东线治污

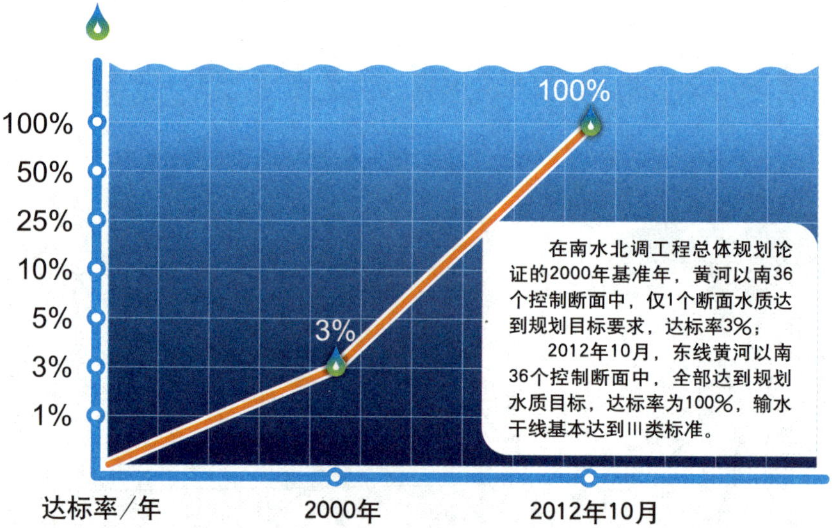

在南水北调工程总体规划论证的 2000 年基准年，东线一期工程苏鲁两省化学需氧量（COD）入河总量 35.3 万吨，氨氮入河总量 3.3 万吨，分别超出要求 COD、氨氮入河控制量 6.3 万吨和 0.53 万吨的 4.6 倍和 5.2 倍；黄河以南 36 个控制断面中，仅 1 个断面水质达到规划目标要求，达标率 3%，有 3 个断面水质为Ⅳ类，其他 32

个断面水质均为Ⅴ类或劣Ⅴ类，骆马湖以南段水质优于骆马湖以北，山东段全线水质总体为Ⅴ类或劣Ⅴ类。

水污染治理、水环境保护是南水北调成败的关键，是工程建设的重要内容。

▶ 国务院确定治污三项原则

南水北调工程建委会历次全体会议均对治污环保工作进行了研究和部署，并提出了明确要求。会议指出，治污和环保关系南水北调工程的成败，要坚持先节水后调水、先治污后通水、先环保后用水，继续加大库区和沿线地区专项治理力度，严格保护好上游水源地，加快治污工程项目建设进度，严防输水干线污染，保证北上的水质全面稳定达标。

为了在通水之前使东线工程输水全线水质达到国家地表水环境质量Ⅲ类标准，国家发展改革委会同有关部门编制了《南水北调东线工程治污规划》，并经国务院批准实施。

江苏、山东两省按照《南水北调东线工程治污规划》和《南水北调东线工程治污规划实施意见》的要求，根据“水质、总量、项目、投资和责任”五位一体的治污要求，制定了控制单元治污实施方案，最终确定东线一期治污项目 426 项（其中工业点源治理 214 项，污水处理及再生利用 155 项，流域综合整治 31 项，截污导流 26 项），总投资 153 亿元。

▶ 东线输水干线清水廊道遇难题

1. 一个看似“不可能完成的任务”

2003年10月15日，南水北调办公室分别与江苏、山东两省政府签订了《南水北调东线工程治污目标责任书》，明确省政府作为辖区内治污规划的第一责任人，对辖区内治污工作负总责。两省政府承诺，通水前，一定完成国务院确定的治污任务，实现输水干线Ⅲ类水质目标，建成“清水廊道”。

在十年左右的时间里完成水质从劣Ⅴ类向Ⅲ类的跨越，是一个技术含量颇高的难题。根据环保专家的论证，全线COD入河量须削减29万吨，削减率82%；氨氮入河量削减2.8万吨，削减率84%。

曾经水污染严重的美国，在20世纪70年代初开始启动流域治污，当时，其国内人口密度为22人/平方公里，人均GDP达到6000美元，城市化率为73%，三大产业结构为3:34:63，实施流域治污的基础是工业化和城市化基本完成。与之相比，微山湖流域当年启动流域治污时，人口密度为750人/平方公里，是美国的34倍；人均GDP达到950美元，约为美国的1/6；城市化率为36%，约为美国的1/2；三大产业结构为15:46:39；实施流域治污的基础是工业化、城市化快速推进。

所以，东线治污一度被认为是一个“不可能完成的任务”。

2. 立下“军令状”：建成“清水廊道”

作为一项规模空前的国家工程，从战略意义上而言，东线治污不允许失败。为此，按照目标任务，江苏、山东两省政府与调水沿线 14 个地市签订了治污“军令状”，将治污目标任务完成情况纳入各级党委、政府领导班子和干部考核目标。

▶ 运河清水走廊

强力措施之下，东线输水干线水质开始好转，一个重要的变化是，很多鱼儿又回来了。

从 2010 年开始，南四湖支流白马河大量出现桃花水母，这也是对水质要求很高的生物，有“水中大熊猫”之称。如今，南四湖流域已恢复水生高等植物 68 种，物种恢复率 92%；恢复鱼类 52 种，物种恢复率达 67%。

新理念催生治污新思路

南水北调工程建设坚持“先节水、后调水，先治污、后通水，先环保、后用水”的原则，不仅给沿线百姓调来水，更给沿线省市“调”来了科学发展理念。

江苏省按照沿线环境容量，严把新建项目审批关。把调水源头取水口划为饮用水源保护区，实施农业面源污染控制、湿地保护与生态廊道建设，发展无公害农产品、绿色食品和有机食品基地1500多万亩，化肥使用量较2000年减少15%以上。

山东治污攻坚，有壮士断腕之举。在调水沿线执行严于行业标准2.5倍的COD排放标准，促进产业优胜劣汰。在全国率先关闭2万吨以下的40多家草浆生产线，又关闭29家5万吨以下不达标的草浆企业。山东枣庄市通过转变发展方式，造纸生产能力扩大到80万吨，产值增加了8倍，而污染负荷削减了83%。

新理念催生新思路。山东提出“治、用、保”结合的治污思路，把治理以后的工业废水通过节污导流，再处理成中水，用到工业、农业、生态上去。在薛城大沙河，中水循环利用，每年回灌地下水1000多万立方米，扩大灌溉面积16万亩。

中线水源地保护工作全面启动。2008年中央财政投入14.6亿元，用于丹江口库区水污染治理和工业结构调整，开创了国内重点地区生态补偿的先例。湖北丹江口提出“生态立市”战略，关停并转了冶金、造纸、化工等企业123家，确保库区水质一直保持在国家Ⅱ类水标准。“从长远看，这种绿色增长之路是后劲充足的可持续发展之路”，丹江口市决策者认识到了这点。

▶ 处理好调水与生态环境的关系

1. 洸河截污导流工程

2007 年 12 月 28 日上午，南水北调东线一期穿黄河工程以及南水北调东线山东段首个截污导流工程在东阿县刘集镇正式开工建设。

洸河截污导流工程位于南四湖主要入湖河流洸府河上游，涉及洸河、宁阳沟两条河流，是南水北调东线山东段的首个截污导流开工项目。它的开工是东线山东段 21 个截污导流工程开始进入实施阶段的标志。

▶ 山东段一处污水处理厂

2. 徐州市截污导流工程

2008年10月25日，南水北调东线江苏徐州市截污导流工程开工建设。江苏省确定的五类102项治污项目全面开工建设。

江苏省南水北调东线治污控制单元实施方案确定了扬州、淮安、宿迁、徐州、泰州五项截污导流工程。

江苏段截污导流和污水处理设备安装

徐州市截污导流工程是南水北调东线一期工程的重要组成部分，是向北方地区输送清洁水源的重要工程保障措施。工程的任务是使南水北调输水干线徐州段水质达到地表水III类标准，并保证导流工程沿线尾水受水区域的水环境安全。

徐州市尾水输送工程总设计规模为 80.91 万吨 / 日，沿线相应设计流量为 1.16—9.37 立方米 / 秒，至新沂河大马庄涵洞的设计流量为 41.96 立方米 / 秒。该工程建设内容包括河（渠）道工程、干渠建筑物工程和沿线配套工程。河（渠）道工程总长 172.7 公里，其中新开尾水渠道（涵管）31.1 公里，利用现状河渠 141.6 公里；干渠建筑物工程包括控制涵闸 151 座；沿线配套工程需按照恢复原功能原则建设配套建筑物 122 座。工程静态总投资为 69979 万元。

截污导流工程

截污导流工程是根据污染物排放总量控制目标，将污水处理厂处理过的尾水拦截和再处理，部分回用，其余利用管道、渠道导入长江或入海，保证南水北调东线输水干线三阳河段、大运河及里运河淮安城区段、中运河宿迁城区段、大运河徐州段调水水质。

中线库区：建立长效机制，水质保持在Ⅱ类

为确保水源区丹江口水库的水质长期稳定达到Ⅱ类，“十二五”（2011—2015）期间，国家在丹江口库区及上游实施污水处理、垃圾处理、水土保持等十大类项目，总投资约120亿元。到2015年，将实现水源区各县及重点乡镇污水、垃圾处理设施全覆盖，重点企业全部完成污染治理和技改升级，水土流失治理面积超过2万平方公里。

北京学生在丹江口植感恩林

根据国务院批复的“十二五”规划，通过综合治理措施的实施，到2015年，南水北调中线水源区将实现三大目标：一是水质

目标，在2014年南水北调中线通水前，丹江口水库陶岔取水口水质达到Ⅱ类；到2015年末，直接汇入水库的主要支流水质不低于Ⅲ类。二是污染物总量控制目标，水源区COD排放量减少8.3%，氨氮排放量减少10.6%。三是水土保持目标，水土流失治理程度达到50%，年均减少土壤侵蚀量0.1亿—0.2亿吨。

为保证中线水源地丹江口水库水质安全及运行安全，国务院有关部门组织编制了《丹江口库区及上游水污染防制和水土保持规划》，并将纳入中线总体方案一并实施。

作为南水北调中线工程水源地，丹江口水库自2006年开始实施《丹江口库区及上游水污染防治和水土保持规划》，以确保2014年中线通水前，丹江口水库陶岔取水口水质稳定达到Ⅱ类要求。

为支持中线水源区水质保护，从2008年开始将水源区河南、湖北、陕西三省各县纳入中央财政国家重点生态功能区转移支付范围，力度逐年增大，累计转移支付资金115亿元。

通过水污染防治项目的实施，解决了该区域约40%的城区（或县城）的污水垃圾处理、重点企业清洁生产改造，改变了水源区重要城市和库周各县、重点企业污水垃圾直排面貌；通过实施水土保持项目，治理了38%水土流失面积，水土流失严重的局面得到控制。对此，国家发展改革委副主任杜鹰评价说，当前的水质保护工作初见成效。

“十一五”（2006—2010）期间，河南、湖北、陕西三省为保持南水北调中线工程水源区——丹江口水库库区及上游流域的水质做了大量工作：特别是加大了经济结构调整力度，淘汰高耗能、高污染、低效益企业，关停造纸、化工、制药、酿造、电镀、矿产加工等重污染企业 1000 多家。

▶ 十堰：牺牲自己守好“水井”

2014 年，南水北调中线将正式向北方调水。

“先节水、后调水，先治污、后通水，先生态、后用水。”历史把十堰推向了环保的聚焦点，环保需要克难攻坚，环保需要只争朝夕，环保需要牺牲小我。为北方人民守好“水井”，是位于丹江口库区上游十堰市人民的责任。

“水”，是十堰环保的重点，亦是十堰环保的难点，还是十堰迎考的焦点。

基于此，十堰市委、市政府把水质保护纳入各级党委政府政绩考核，确保一库清水北送。

十堰境内共有大小河流 2489 条，河长在 5 公里以上的河流有 765 条。汉江上游有 10 条支流在十堰境内，年汇入丹江口水库水量占年汇水量的 87%。

为了保护水质，十堰加大污染源管控力度。关闭了黄姜、皂素加工厂，转产了电镀、电解加工厂，关停了小冶炼厂、小煤窑。加大招商引资活动中环保审查的力度。

为了保护水质，十堰加大污水处理厂建设力度。目前全市已建成 12 座污水处理厂，总设计处理能力 45.6 万吨 / 日，当前 11 座污水处理厂投入运行，年消减 COD 约 1.92 万吨。

为了保护水质，十堰着力改变传统农耕方式。大力推广节能、节地、节水农业，同时继续开展植树造林、退耕还林、封山育林，十堰市 8 个县市区均被纳入天然林保护实施范围，实现了“天保工程”全覆盖。全市森林面积达 1843 万亩，居全省市州首位，森林覆盖率达 53%，名列全省第三，有效涵养了水源。

▶ 10 年综合举措保水质

丹江口水库是南水北调中线工程的水源地，其库区水面积的 52% 在河南南阳市。近年来，河南省采取了一系列重大措施，进一步加强了对丹江口水库水源地的水质保护工作力度，保证了水源地水质安全。

2003 年以来，河南省共关闭、取缔水源地水质保护范围内 111 家重污染企业，搬迁或转产 13 家企业，对 29 家影响水源地水质的企业进行了限期治理，在南水北调中线工程渠首陶岔建成了水质自动监测站。

同时，严格控制新污染源产生。在水源保护区范围内，严禁新建造纸、化工、制药等重污染、高耗水企业，严禁无序开采矿产资源和各种破坏生态环境的行为。此外，河南省环保局还要求所有对库区水质及生态环境有影响的新、改、扩建项目，严格执行环境影响评价制度，实行环保审批上级备案制度。同时还加快城镇环保基础设施建设。通过以上努力，南水北调中线工程水源地水质稳定控制在地表水Ⅱ类水质。

通过长江委员会水文局近期水质监测表明，丹江口水库水质总体良好，继续保持在Ⅱ类。库区及上游地区水污染防治和水土保持工作效果明显。

2009 年 9 月质量月启动仪式

中线水源地——秀美郧县

7

奇迹创新：破解世界难题的“内功”

南水北调由150多个设计单元工程、2700多个单元工程组成，涉及领域多，是一项复杂的系统工程，在设计、建设、运行等方面，面临诸多技术挑战，是水利学科与多个边缘学科联合研究的前沿领域。

南水北调东、中线渠道，它们就像两串美丽的项链，串联起沿线连绵分布如同珍珠般的数百工程建筑物，构建成一个巨大水网，在广阔的神州大地上铺展开来——渠道蜿蜒而驰，水闸鳞次栉比，桥梁凌空飞架，低压暗涵隐身前行……而支撑这一切的都是技术创新！

南水北调工程之最

南水北调工程是迄今为止世界上规模最大的调水工程，工程横穿长江、淮河、黄河、海河四大流域，涉及十余个省（自治区、直辖市），输水线路长，穿越河流多，工程涉及面广，效益巨大，包含水库、湖泊、运河、河道、大坝、泵站、隧洞、渡槽、暗涵、倒虹吸、PCCP管道、渠道等水利工程项目，是一个十分复杂的巨型水利工程，其规模及难度国内外均无先例。

▶ 世界上供水规模最大的调水工程之一

南水北调工程规划最终年调水规模为年调水量448亿m³。其中，东线148亿m³，中线130亿m³，西线170亿m³。当前实施的东、中线一期工程，建成后的年调水量达182.7亿m³。

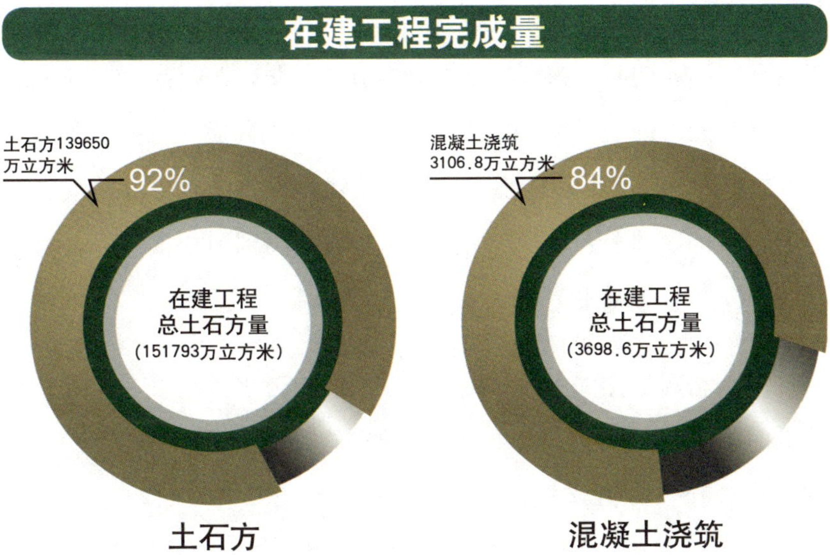

（截至2013年8月，南水北调工程完成量）

▶ 世界距离最长的调水工程

南水北调工程规划的东、中、西线干线总长度达4350公里。目前正在建设的东、中线一期工程干线总长为2899公里，沿线六省市一级配套支渠约2700公里，总长度达5599公里。

▶ 世界上受益人口最多、受益范围最大的调水工程

南水北调工程主要解决中国北方地区，尤其是黄淮海流域的水资源短缺问题，规划区人口 4.38 亿人（2002 年）。仅东、中线一期工程直接供水的县级以上城市就有 253 个，直接受益人口达 1.1 亿人。为这些地区经济结构调整包括产业结构、地区结构调整创造机会和空间。同时，为黄河下游地区补充水量，为提高西北地区水资源承载能力创造了条件。丹江口水库大坝加高后，可增加防洪库容 33 亿 m^3，与非工程措施和中下游防洪工程相配合，可使汉江中下游地区的防洪标准由目前的 20 年一遇提高到 100 年一遇，消除 70 余万人的洪水威胁。

南水北调工程供水区域控制面积达 145 万平方公里，约占中国陆地面积 960 万平方公里的 15%。当前实施的东、中线一期工程建设，按照每 5 万—10 万元投资创造一个就业机会估算，每年可增加约 18 万个就业机会；通水后，随着水资源条件的改善，经济社会发展后劲得到发挥，将创造更多的劳动就业机会；将产生农业供水效益、防洪效益、航运效益、排涝效益和生态环境效益，按 2000 年价格水平，多年平均年直接经济效益约为 553 亿元。

▶ 世界水利移民史上最大强度的移民搬迁

南水北调中线丹江口大坝因加高需搬迁移民 34.5 万人，移民搬迁安置任务主要集中于 2010 年、2011 年完成，其中 2011 年要

完成19万人的搬迁安置，年度搬迁安置强度即搬迁安置人口在国内和世界上均创历史纪录，在世界水利移民史上前所未有。移民搬迁涉及的河南、湖北两省成立移民搬迁安置指挥部，省直有关单位成立包县工作组，市包县、县包乡、县乡干部包村包户，形成了上下联动、责任明确、指挥有力、运转高效的工作格局，已搬迁群众的住房、交通、医疗、教育等条件有了显著改善。

▶ 世界上规模最大的泵站群
——东线泵站群工程

南水北调东线一期工程输水干线长1467公里，全线共设立13个梯级泵站，共22处枢纽、34座泵站，总扬程65米，总装机台数160台，总装机容量36.62万千瓦，总装机流量4447.6立方米/秒，具有规模大、泵型多、扬程低、流量大、年利用小时数高等特点。工程建成后将成为亚洲乃至世界大型泵站数量最集中的现代化泵站群，其中水泵水力模型以及水泵制造水平均达到国际先进水平。

▶ 世界首次大管径输水隧洞近距离穿越地铁

南水北调中线北京段西四环暗涵工程，具有两条内径4米的有压输水隧洞，穿越北京市五棵松地铁站，这是世界上第一次大管径浅埋暗挖有压输水隧洞从正在运营的地下车站下部穿越，创下暗涵结构顶部与地铁结构距离仅 3.67 米、地铁结构最大沉降值不到 3 毫米的纪录。

世界规模最大的 U 型输水渡槽工程
——中线湍河渡槽工程

南水北调中线湍河渡槽和沙河渡槽均为三向预应力 U 型渡槽，渡槽内径 9 米，单跨跨度 40 米，最大流量 420 立方米 / 秒，采用造槽机现场浇注施工，其渡槽内径、单跨跨度、最大流量属世界首例。

中线湍河渡槽施工

▶ 中国最深的调水竖井
——中线穿黄工程竖井

南水北调中线穿黄工程位于郑州市以西约 30 公里，其任务是将中线调来的长江水从黄河南岸输送到黄河北岸，向黄河以北地区供水，同时在水量丰沛时可向黄河相机补水。工程于 2005 年 9 月 27 日开工。工程北岸竖井为大型圆筒结构，建于黄河河滩地中细砂强透水地层中，内径 9 米多，井深 50.5 米。设计流量为 265 立方米 / 秒，加大流量为 320 立方米 / 秒，井壁为双层结构，外层为地下连续墙形式，厚 1.5 米，深 76.6 米；内层为 0.8 米厚钢筋混凝土现浇衬砌，采用逆作法施工。基坑工程规模之大、开挖之深、地质条件之复杂、工作难度之高，均居国内之最。

▶ 中国穿越大江大河直径最大的输水隧洞
——中线穿黄工程

适应黄河游荡性河流与淤土地基条件的特点，南水北调中线穿黄工程开创性地设计了具有内、外两层衬砌的两条长 4250 米隧洞，内径 7 米，外层为厚 0.4 米拼装式管片结构衬砌，内层为厚 0.45 米钢筋混凝土预应力衬砌，两层衬砌之间采用透水垫层隔开，内、外衬砌分别承受内、外水的压力。这种结构形式在国内外均属先例，也是中国首例用盾构方式穿越黄河的工程。目前，中线穿黄双线隧洞全线贯通，开创了中国水利水电工程水底隧洞长距离软土施工新纪录。

南水北调中线穿黄河工程竣工

中国规模最大的大坝加高工程

——丹江口大坝工程

丹江口大坝加高工程位于湖北省丹江口市境内汉江干流与其支流丹江汇合口下游800米处，是在原有坝体上进行混凝土培厚加高，包括混凝土大坝加高和心墙土石坝加高。大坝加高工程完建后，坝顶高程由目前的162米增加到176.6米，坝顶轴线长3442米，正常蓄水位由157米抬高至170米，可相应增加库容116亿m^3。

在混凝土大坝加高中，由于新老混凝土弹性模量的差异，在内外部温差的作用下，对新老混凝土结合面和坝体应力产生不利影响。在进行大量计算分析研究的基础上，结合大量试验室和施工现场原位试验，提出了满足设计要求的新老混凝土结合的具体结构措施。在不影响大坝正常运行情况下，完成混凝土大坝裂缝检查、修补和大坝加高，其建设难度在大坝加高史上可谓世界之最。

丹江口大坝加高

▶ 大型渠道混凝土机械化施工技术国内领先

针对南水北调工程长距离输水，渠道沿线穿越的地形、地质条件复杂，水文、气象以及运行条件差异变化大的特点，开展大型渠道混凝土机械化衬砌关键技术研究，创新研制出了具有自主知识产权的系列成套设备，与国外同类设备相比，成型机自重降低 2/3，功率提高 66%，设备价格降低 80%，在国内处于领先地位，为中国大型渠道设计与施工提供了系统的技术支撑，填补了中国在大型渠道机械化成型技术装备设计制造、施工工艺和工程技术方面的空白，有力推进了中国水利科学技术进步，部分成套设备还远销国外。

中线北京段 PCCP 管道研究国内领先

在超大口径 PCCP（预应力钢筒混凝土管）管道结构安全与质量控制中，首次提出符合中国规范体系和材料标准的一整套 PCCP 设计参数；在国内首次提出 PCCP 管的阴极保护技术参数，研制的 PCCP 阴极保护测试探头填补了国内空白；研发出新型的钢丝锚固方法，解决了 PCCP 阴极保护电连接问题；机械化喷涂 PCCP 外防腐层材料和工艺为国内首创；首次采用沟槽内超大口径 PCCP 龙门起重机安装技术、隧洞内 PCCP 安装工艺及技术，提出沟槽和隧洞内超大口径 PCCP 安装质量控制标准。

pccp 管道安装

融资创新：“静态控制、动态管理”

南水北调工程全部完工将历时数十年，总投资超过5000亿元。能否顺利解决建设资金问题，乃工程的关键前提所在。

由于南水北调工程是跨流域、跨省市，具有公益性和经营性双重功能的特大型水利基础设施，所以《南水北调工程总体规划》中确定多渠道筹集资金的原则，主体工程投资主要通过中央预算拨款、南水北调工程基金和银行贷款筹集。

《南水北调工程总体规划》方案中，东线一期和中线一期主体

投资完成量

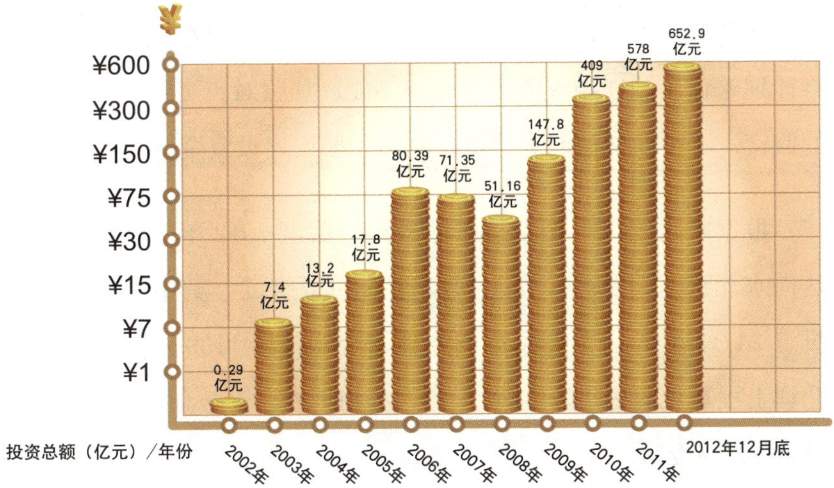

工程静态总投资 1240 亿元，资金来源是中央预算内资金 248 亿元，占主体工程总投资的 20%；南水北调工程建设基金 434 亿元，占主体工程总投资的 35%；银行贷款 558 亿元，占主体工程总投资的 45%。在计算建设期贷款利息后，总投资约为 1365 亿元。另外配套工程还需要投资 308 亿元。

南水北调主体工程投资管理实行“静态控制、动态管理”的原则。主体工程的年度投资计划（含征地移民投资计划）由项目法人根据工程总体建设进度要求编制，经国务院南水北调办审查、汇总平衡后，报发展改革委审核并纳入国家固定资产投资计划。南水北调主体工程年度投资计划由发展改革委下达国务院南水北调办，南水北调办据此组织编制分解细化的投资计划下达到项目法人；项目法人依据南水北调办下达的投资计划，结合工程建设实际进展和有关合同，组织投资计划的实施。

南水北调工程贷款由项目法人作为承贷主体，按照工程建设需要及有关规定，与银行签订贷款协议，并履行还本付息义务。项目法人建立健全投资控制的约束和激励机制，提高资金使用效益。严格计划管理，制订相应的检查监督制度，加强对投资计划执行情况的监管，不得以任何名义滞留、克扣和挪用建设资金。

根据南水北调办公室披露的数据，截至 2012 年底，已累计下达南水北调东、中线一期工程投资 2129.3 亿元，其中中央预算内投资 247.3 亿元，中央预算内专项资金（国债）106.5 亿元，南水北调工程基金 159.3 亿元，国家重大水利工程建设基金 1150.9 亿元，贷款 465.3 亿元。

生态效益：沿线将建上千公里生态旅游带

南水北调工程，不仅仅是简单的“输水线”，更是充分挖掘和利用工程附带多元价值，促进区域经济、生态环境、文化建设并进。

▶ 区域生态优势凸现

中线工程从长江支流汉江引水，跨伏牛山，穿黄河底，沿太行山东麓一路北上，全长1432公里，贯通长江、淮河、黄河、海河四大流域，其间，有水库、高坝、渡槽、隧洞、倒虹吸、明渠等多个工程建筑，其中不乏“世界之最”，如世界上规模最大的U型输水渡槽——湍河渡槽工程，世界上首次大管径输水隧洞近距离穿越地铁下部——北京西四环暗涵工程等，发展生态、文化、旅游产业具有得天独厚的优势。

除大型人工建筑之外，中线工程还流经华夏文明的核心地带，库区和沿线富集荆楚、汉魏、商周、燕赵、元明清等不同朝代及地域丰富的历史古迹和文化遗存。中线水源丹江口库区顺流北上，其间既有武当山、少林寺等名山大寺，又有黄河奔涌、云台飞瀑、卢沟晓月等自然景观，还有白洋淀、狼牙山、西柏坡等革命故地以及安阳殷墟、古都邯郸等历史名迹。

▶河北段漕河渡槽干渠段

南水北调中线工程库区和沿线经过商周、燕赵、元、明、清等不同朝代的历史古迹，有 12 处世界遗产，占全国世界遗产的 28%。南水北调工程不仅仅要建成输水线，更要成为促进区域生态环境建设的生态线。

▶ 中线沿线规划建设 12 个大型工程景观

2011 年公布的《中国旅游业“十二五”发展规划纲要》，已将“南水北调中线生态文化旅游带”列为加快规划建设的国家精品旅游带，提出要“依托南水北调中线工程，整合沿线自然人文资源，建设体现地方特色和文化内涵、景观游览、文化娱乐、城市游憩、生态休闲等于一体的景观工程”。

南水北调中线将构建生态文化旅游产业带。根据国务院南水北调办、文化部、国家旅游局共同编制的《南水北调中线生态文化旅游产业带规划纲要》（以下简称《规划纲要》），确定了丹江口大坝、穿黄工程、陶岔渠首等12处工程景观节点，融合周边生态旅游文化资源，形成以南水北调为品牌的中线特色旅游带。规划以工程景观为节点，融合周边(半小时左右车程)生态旅游文化资源形成12个各具特色的旅游圈，依托交通带建设和完善交通网络，通过“点一圈一带”融合串联，形成以南水北调为品牌的中线旅游带。

《规划纲要》2012年出台，中线工程沿线1000多公里的山水、古迹、工程景观将被串联成一条风景长廊，打造成为“世界最大调水工程、国家生态战略屏障，历史文化富集地和国家级一流旅游目的地”。

《规划纲要》提出，南水北调中线沿线规划建设12个大型工程景观，基本上在2014年中线工程通水前建成开放。近期规划以工程景观为节点，融合周边文化旅游资源形成旅游圈，中期将各旅游圈串联，初步形成中线旅游带，远期逐步打造南水北调品牌，将之建成中国一流国际知名的精品旅游线路。

工程景观节点建设以国家投资为主，工程项目法人具体负责设计实施，周边景区开发以及配套交通、服务设施建设则以地方为主，同时探索吸引民间资本参与投资建设和运营管理。

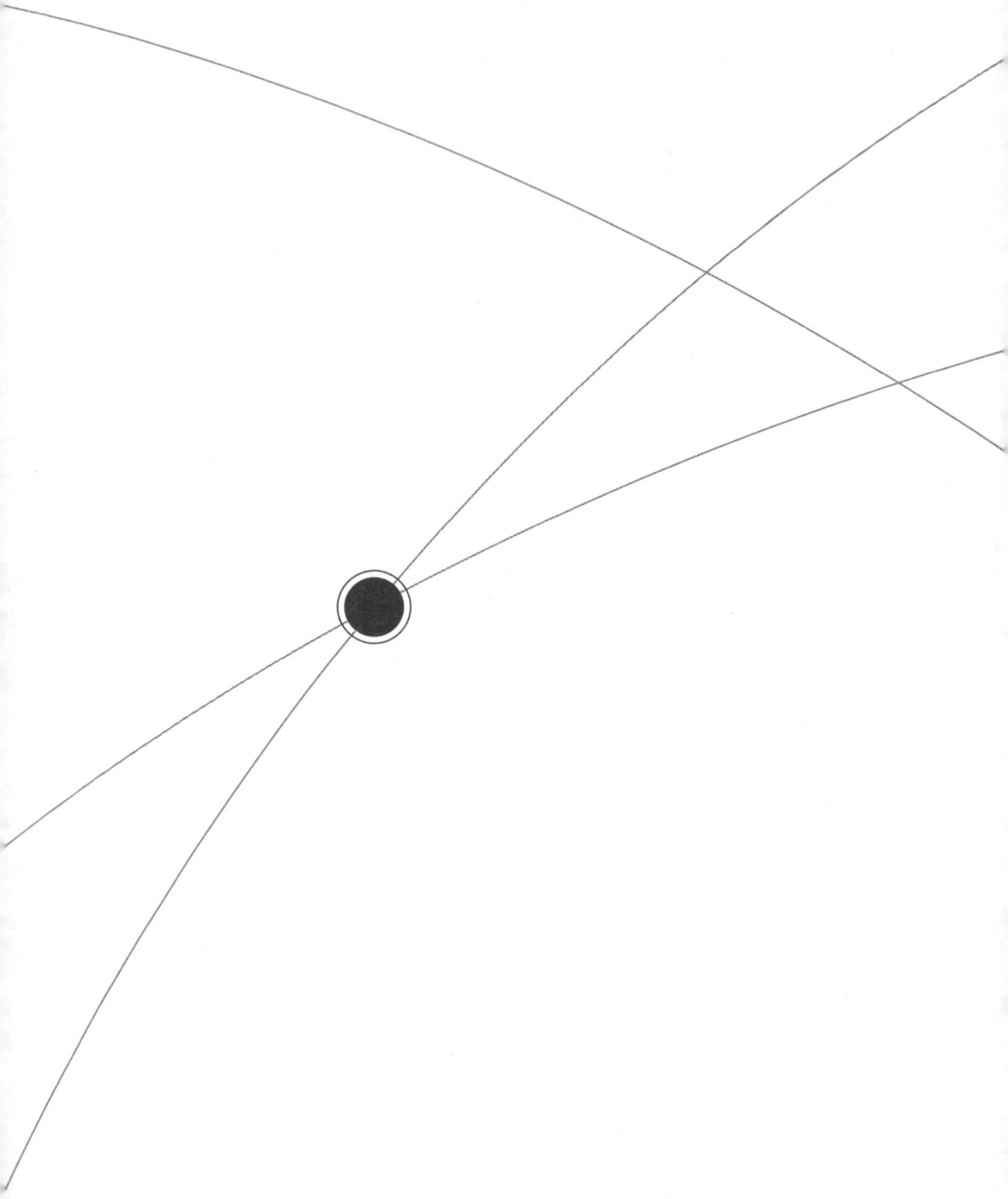

8

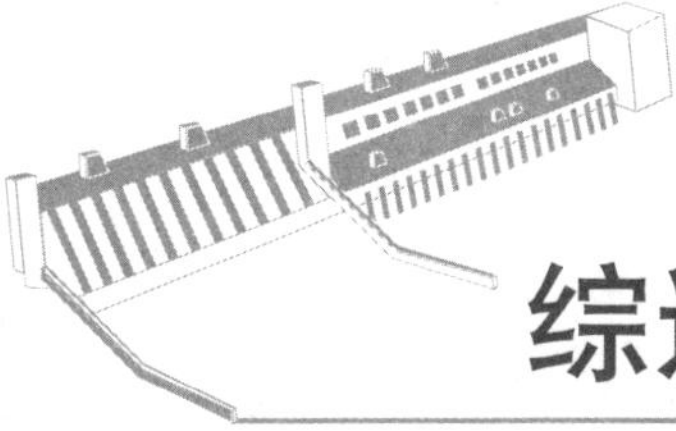

综述：

效益渐显，造福于中华民族

60 年一个甲子。1952 年毛泽东主席的科学闪念，经过半个世纪的规划论证、周密设计、建设，从伟大梦想走向活生生的现实。

2002 年南水北调工程开工建设以来，一连串振奋人心的喜讯不断传来。调南水济苍生，几代中华儿女魂牵梦萦的宏伟蓝图，正一步步变成现实。

10 年间，一条“水上长城”正在渐渐成型。

南水北调工程，中国跨区域调配水资源、缓解北方水资源严重短缺现象的战略性设施，经过 10 年建设，南水北调工程的社会效益、经济效益和生态效益逐渐显现，其表现在供水、抗旱、航运、除涝等几大方面。

一是解决饮用水问题，缓解地下水超采局面。工程构筑了“南北调配，东西互济”的大水网格局，解决北方地区的水资源短缺问题，增强了当地的水资源承载能力，促进经济社会的发展和城市化进程。工程规划最终年调水规模为年调水量 448 亿 m³，受水规划区约 5 亿人受益。仅东、中线一期工程直接供水的县级以上城市就有 253 个，直接受益人口达 1.1 亿人。

工程整体供水区域控制面积达 145 万平方公里，约占中国陆地面积 960 万平方公里的 15%。同时，将为这些地区经济结构调整包括产业结构、地区结构调整创造机会和空间。

二是改善生态环境，为建设“美丽中国”做贡献。在南水北调通水前，维持供水区正常经济社会发展，必须大量超采地下水。

据有关部门统计，南水北调供水区每年大约超采 76 亿 m³ 地下水，其中深层地下水约 32 亿 m³。地下水的连年超采，导致地面沉降、海水入侵、地下水污染。因水资源短缺而严重超采地下水，是当前北方地区生态环境最大的问题。

东、中线一期工程通水后，每年可向供水区增加 133 亿 m³ 供水，虽然供水主要满足城市需水，但通水后可以使地下水超采的局面得到有效缓解，同时每年还可以增加生态和农业供水 60 亿 m³ 左右，使北方地区水生态恶化的趋势初步得到遏制，并逐步恢复和改善

生态环境。因此，南水北调工程最大的效益实际上是生态效益，是将生态文明建设融入国家重大基础设施建设的一个范例。

三是超前谋划，提前治理，探索污染治理的新路子。南水北调工程吸取流域污染治理的经验教训，在污染治理、环境保护等方面积极探索，从调整经济结构入手，动用法律、行政、经济、民间等手段，走出了科学规划、提前治污、保护生态的新路子，为其他流域污染治理树立了标杆。

山东省通过截蓄导用联合调度，21 个截污导流项目每年可消化中水 2.06 亿吨，削减 COD 近 5 万吨、氨氮 3000 多吨。在生态环保方面的经费投入，进一步调动政府、企业和群众治理污染、保护环境、改善生态的积极性。东线工程可研阶段总投资中，治污工程投资所占比例高达 32%。东线治污工作总资金将达 350 亿元，中线丹江口库区及上游水污染防治和水土保持投入 189 亿元。南水北调治污环保工作的顺利开展，不仅大幅度提高沿线和水源水质，而且改善了工程沿线周边环境，使南水北调工程惠及更多的人民群众。

四是改善人民生产生活状况。为了护佑北方人民的生命之水，丹江口库区可爱可敬的 34 万余移民群众舍小家，为大家，毅然决然远迁他乡，重建家园。移民搬迁之后，可能面临生产生活方面的一些困难，但从近期反映和长远发展来看，搬迁不仅可以使库区群众走出贫困，从根本上改善移民群众的生产、生活条件，同时，交通、就业、教育、医疗等方面的发展，得到前所未有的改善。

很多移民群众反映，住房条件相对迁入地而言提前了 10 年，发展机遇的改善提前了 15 年。此外，南水北调工程沿线已完工的泵站、干渠、截污导流等工程已经在防汛、抗旱、灌溉、生态等方面发挥重要作用。东线济平干渠自 2009 年以来累计由东平湖向济南市调水超过 5 亿 m³，中线京石段工程已经实施四次通水，累计向北京调水 14 亿 m³，对保障城市供水安全发挥了重要作用。

南水北调终点颐和园团城湖

五是树立精神丰碑，弘扬爱国主义精神。“上善若水，水善利万物而不争。”河南、湖北两省各级党委政府和广大移民干部一切工作服从服务移民搬迁，成功迁安，堪称水利移民史上的奇迹。

34 万移民群众舍小家为国家，割舍亲情，毅然搬离故乡，远迁他乡，重新建设家园，演绎出一场感人肺腑的“国家行动”。

近十万名建设者，十年如一日，架槽穿洞，穿山越河，上万套机械设备往来穿梭，上千套大型混凝土衬砌机，沿着渠道前进。广大工程建设者用实际行动诠释着负责、务实、求精、创新的南水北调精神，书写着当代大禹建设“美丽中国”的时代主旋律。

南水北调东线一期工程于 2013 年 12 月通水，中线一期工程将于 2014 年通水，成就中华民族的世纪夙愿和伟大梦想，为沿线亿万群众送上生命之水、幸福之水、和谐之水。

“问渠哪得清如许，为有源头活水来。”

数十载的勘察设计，半世纪的规划论证，10 年的工程建设，南水北调这一伟大工程，凝聚了新中国几代水利人的心血与智慧，在中华民族实现伟大复兴的道路上闪耀着夺目光彩。

站在新的起点，南水北调东中线宏伟蓝图正在中华大地徐徐展开！